edge
临界译丛

THE STATE OF
THE DELTA

荷兰三角洲

城市发展、水利工程和国家建设

Han Meyer

[荷] 汉·迈耶 / 著

郐玉婷 / 译　屠启宇　等 / 校

上海社会科学院出版社
SHANGHAI ACADEMY OF SOCIAL SCIENCES PRESS

图书在版编目(CIP)数据

荷兰三角洲：城市发展、水利工程和国家建设 /
(荷)汉·迈耶著；邰玉婷译 . — 上海：上海社会科学
院出版社，2021
书名原文：The state of the delta: Engineering,
urban development and nation building in the Netherlands
ISBN 978-7-5520-3521-6

Ⅰ.①荷…　Ⅱ.①汉…②邰…　Ⅲ.①水利工程—研
究—荷兰②城市规划—研究—荷兰③国家建设—研究—荷
兰　Ⅳ.①TV②TU984.563③D756.3

中国版本图书馆CIP数据核字(2021)第041232号

上海市版权局著作权合同登记号：图字09-2020-1107
审图号：GS(2021)2774号
本书插图(地图)复制于原书插图(地图)

荷兰三角洲：城市发展、水利工程和国家建设

著　　者：［荷］汉·迈耶
译　　者：邰玉婷
校　　译：屠启宇　程芹干
责任编辑：应韶荃
封面设计：璞茜设计
出版发行：上海社会科学院出版社
　　　　　上海顺昌路622号　邮编200025
　　　　　电话总机021-63315947　销售热线021-53063735
　　　　　http://www.sassp.cn　E-mail: sassp@sassp.cn
排　　版：南京展望文化发展有限公司
印　　刷：上海市崇明县裕安印刷厂
开　　本：710毫米×1010毫米　1/16
印　　张：14
插　　页：8
字　　数：204千字
版　　次：2021年6月第1版　2021年6月第1次印刷

ISBN 978-7-5520-3521-6/TV·001　　　　　定价：80.00元

荐序：三角洲的史诗

这是一部关于荷兰三角洲水利建设、城市发展、国家塑造的史诗级作品。作者是荷兰权威的三角洲城市学专家、代尔夫特理工大学汉·迈耶教授。

经由荷兰国际亚洲研究所欧盟第七框架居里国际学者交流项目"亚洲城市知识网络"(Urban Knowledge Asian Network)负责人保罗·拉贝(Paul Rabe)博士介绍，我结识了汉·迈耶教授。当时，长三角一体化正式成为国家战略，我们认为非常有必要建立起长三角发展的国际坐标系。迈耶教授应我邀请先后两度到访上海，详细介绍了荷兰在三角洲区域发展和兰斯塔德城市群规划方面的经验；全力斡旋推动了他的近著《荷兰三角洲》中文版权的授权，并介绍了瓦赫宁根大学景观及空间规划组讲师兼博士后郜玉婷博士承担中文翻译。郜玉婷师从迈耶教授，攻读城市设计专业博士，她本人就是三角洲城市空间规划及设计领域专家。因此，这是一位学术权威撰写的、由专业人士翻译的佳作。

一、如何"看"这本书

这个"看"字有二重涵义。第一重涵义是指是这部书适合什么样的人士阅读,第二重涵义是指需要基于什么样的知识架构来进行有效阅读。正如本序言起始所说,这是一部关于荷兰三角洲的史诗。迈耶教授的讨论视野横贯自然科学(河口地貌变迁)、工程科学(水利工程迭代)、社会科学(三角洲城市化进程)、人文学科(人—水互动中的地域意识和国家塑造)。这至少构成了对本人知识储备的不小挑战。但是,三角洲地域的真实发展不就是如此复杂吗?正是因为本书对三角洲发展荷兰经验的全方位剖析,我认为,无论是理工类人士还是人文社科学者,只要是关注三角洲地域发展的,都可以从中获得自己专业的智识以及对其他学科关联主题的了解。

二、如何"用"这部书

这是一部可以"用"的书。"用"的概念实际就是从镜鉴荷兰三角洲的实践中得出适合本地三角洲地域发展的实施性启示。从自然发育到城市化发展,从工业化到后工业化,荷兰三角洲从一定意义上经历了三角洲地域会发生的各种情况。其面对各种挑战的方法运用以及实操应对,构成了宝贵的"荷兰经验"。这些经验在新奥尔良灾后重建等重要的三角洲地域规划、改造中已经得到了有价值的运用。在长三角地区的上海大都市圈9城市协同规划的研究环节,也引入了荷兰将国土空间复杂分层为基础层、网络层和应用层的系统动力学方法。我相信,借由本书所展开的"与水抗争"到"与水共筑"的荷兰画卷,一定会有更多"实招"可以在中国实践中得到运用。

三、几个关键概念的补充说明

由于这是一部关于荷兰三角洲的全景式著作,读者需要多掌握一点关于荷兰的地理概念。以下是本书中反复出现的几个关键地域名词的补充说明。(1)"荷兰三角洲"是莱茵河、马斯河及斯海尔德河入海口所在的三角洲区域。由于莱茵河下游入海的支流繁多且历史上主入海口持续摆动，习惯上并没有莱茵河三角洲的称谓。荷兰三角洲主要由南部滨海的"霍兰德"（Holland）和北部滨海的"泽兰"（Zeeland）构成。（2）对Holland一词译者采用"霍兰德"的译法是便于同作为国名的"荷兰"（The Netherlands）在中文译名上区别开。全书中提及"霍兰德"时，基本上是指当今荷兰王国行政区划上的南荷兰省和北荷兰省，这也是兰斯塔德城市群的主体所在。（3）"泽兰"作为北部沿海地域在本书中还常常用"三角洲"来指代。因为这个地域在当代自然地理形态上仍是密布入海水道的典型三角洲。而"霍兰德"的地形经过水道淤塞、大量水利工程和城市化已然面目全非。（4）"须德海"是本书频繁出现的另一个词，是指英伦三岛与欧洲大陆相隔的北海在荷兰沿岸一侧的海湾，靠近霍兰德地区。20世纪20年代到30年代荷兰实施了著名的"须德海工程"，在海湾口筑坝将之封闭，须德海逐渐成为霍兰德地区的内湖，后又经历了大规模的填湖造陆。

祝阅读愉快！

屠启宇

上海大都市圈规划研究中心 副主任

上海社会科学院城市与人口发展研究所 副所长、研究员

2021年4月5日

前　言

"国家不仅以其发出的指示作为标志,而且还首先反映在其物质设施上。堤防亦是国家。"

——孔贝东斯·威廉·范·德·波特(Combertus Willem van der Pot),《荷兰宪法手册》(Handboek Nederlands Staatsrecht)

本书的英文标题"The state of the delta"可以理解为"(占据荷兰大部分领土的)莱茵河-马斯河三角洲的状态"。它关注三角洲的物理状态,包括河流系统、海岸线、堤坝和水泵,以及这种状态是否能为数百万人提供宜居的栖息地。三角洲的物理状态与三角洲地区可能出现的特定的城市格局相关。水系统、水利工程和城市格局密切相关。工程与城市建设之间的这种关系是本书的重点。此外,标题也指向"三角洲国家"的概念,即管治莱茵河-马斯河三角洲大部分领土的荷兰国家。该书探讨了这两种含义之间的关系,即三角洲的物理状态与作为社会政治单位的荷兰国家的组织和自身形象之间的关系。

众所周知,荷兰是位于莱茵河-马斯河三角洲的人口稠密的国家。它由一个极易受洪水侵袭的地区发展成了世界上城市化程度最高的地区之一。在这里定居的好处良多,因此荷兰人努力改造这片沼泽三角洲,使其成为栖息之地,并保护其免受洪水侵袭。荷兰西部的兰斯塔德大都市区人口约七百万,是荷兰城市化程度最高的地区,拥有荷兰国民生产总值的60%。该地区几乎完全低于平均海平面。几个世纪以来,由于农业和城市发展的需要,过度开采地下水,使得一些区域下沉至平均海平面以下6米。与此同时,居民人数和经济投资额持续增加,有时甚至是巨大的飞跃,例如在17和19世纪,以及20世纪下半叶。这种发展是通过空间规划、城市发展和水管理的巧妙结合实现的。

在极端脆弱三角洲地区出现城市增长的这个悖谬,并非特例,而是成为全球经常出现的模式。21世纪的城市化水平将大幅超过20世纪。2008年,全球居住在城镇的人口比例越过50%的门槛,预计在2050年将达到70%。21世纪的城市增长有两个显著特征:首先,它主要发生在大型和超大型的大都市和组合城市。1995年,世界上只有14个超过1 000万人口的城市,在短短的二十年间这个数字增加了一倍以上,达到了29个;其次,这种爆炸性增长的显著特征是它主要发生在沿海和三角洲地区,这些原本易受洪水威胁的区域在气候变化和海平面上升的影响下将变得更加脆弱。

近年来,这些变化所造成的影响变得越来越明显。我们看到自21世纪初以来,在三角洲和沿海这些人口密集的地区发生了一系列重大的洪涝灾害。这些灾害不仅发生在相对贫穷且洪涝防护资源不力的国家,作为现代西方世界一部分的城市和城市地区也遭受了严重的洪灾,比如新奥尔良在2005年遭到卡特里娜飓风的破坏,2011年海啸袭击了日本东海岸,桑迪飓风在2012年袭击了纽约州和新泽西州。沿海和三角洲地区的市政当局已经意识到水管理、洪水风险管理和空间规划所面临的巨大挑战,正在积极探寻应对的策略。在这方面,荷兰三角洲似乎是其他城市化三角洲地区的杰出典范。尽管几个世纪以来荷兰遭受了许多洪灾,但现在它被认为是世界上最安全的三角洲地区。自1953年发生的重大洪灾以来,六十年来荷兰一直没有洪灾发生。一系列让人叹为观止的水利工程使洪水的风险几乎可以忽略不计。

荷兰工程师似乎已经为所有其他高度城市化的三角洲地区提供了可

借鉴的宝贵经验,但仍有一些问题亟待解决。

荷兰三角洲地区有着近千年的排水、城市发展和防洪经验。该过程可以分为几个阶段,每个阶段都有自己的新策略。从一个时期到另一个时期的推动力是气候变化引起的景观变化、河流改道和土地形成,以及科学技术的新发展、社会政治条件的变化。

在将"荷兰方法"应用于世界其他的城市三角洲地区之前,我们需要清楚地了解这些变化,以及随着时间推移,这些变化对发展新策略的影响,这也是本书的主要目的。

直到最近,空间规划和水管理才成为国家关注的课题,以及荷兰国家的任务。"民族国家"的概念最早出现于19世纪,是"民族"和"国家"的结合体。这里需要注意的是"民族"与"国家"之间的区别。[①]国家是一套管理特定领土和居住在那里的人民的正式机构、组织和立法。国家认为保护该国所有居民免受洪水侵害是其任务之一,并设立专门机构来执行该任务。这就是19世纪和20世纪荷兰的情况。但这并不意味着这些新国家机构提供的技术促成了国家的建设。

一个民族的概念很难定义。1882年,法国历史学家欧内斯特·雷南(Ernest Renan)发表了题为"民族是什么?"的演讲。该演讲至今仍是热门话题,并于近期以图书形式再次出版。[②]雷南强调,一个民族只有在其居民希望待在一起的情况下才能存在。这种愿望通常基于共同的经验、共同的历史和共同的未来前景。他反对那些将民族与种族、语言或宗教联系在一起的人。他认为这种混为一谈的言论在19世纪出现,并将在20世纪产生灾难性的后果。民族与领土的地理特征或许有着紧密的联系,但这不代表对民族可以有严格的边界划分,也不代表一个民族对其邻国的领土享有"权利"。另一方面,共同努力捍卫土地免受敌人侵害或被敌人占领可以增强民族感。

19世纪初荷兰国家的出现是制定国家水管理和空间规划政策的关

---

① Wessels & Bosch, 2012.
② Renan, 1882/2013.

键条件。反之亦然：在整个荷兰领土范围内出现了防洪的物理系统，这有助于构想荷兰作为一个国家。问题是，这项政策如何促进"民族意识"的出现，从而促进荷兰作为民族国家的出现。

本书着眼于荷兰的再设计，尤其是在20世纪开展的主要的水利和城市规划项目在其中所起的作用。这些项目萌发于"荷兰在扩张"这个更广泛的叙事情境下。在此之前，荷兰领土一直被认为是世界上地理和经济分散的地区，如今它已融合为一个连贯的整体，迅速推动了整个国家（包括以前的外围地区）前所未有的经济增长。

荷兰的物理状态变得依赖于水管理，国家是唯一负责保障防洪力度的组织。自20世纪60年代以来，全国范围的规则和标准体系确保了所有荷兰公民享有同等的安全水平。

但是，作为肩负团结使命的唯一成分，国家与水管理和空间规划之间的联系并不会持久。20世纪80年代以来，由于从工业社会向后工业社会的转变，全球化和个体化的影响，对自然和环境的社会和政治关注度的提高，战后福利国家的建设，新自由主义政治思想的兴起，以及最近科学话语越来越强调"应对不确定性"，国家与水管理和空间规划的联系开始瓦解。21世纪初，人们就自然发展和"与自然共建"达成了新的共识，并拥有了把防洪措施与城乡空间和社会经济发展联系起来的新方法，以及主要来自地方当局和私营部门的创意。诸如"还地于河"（2005—2015）和"海岸薄弱环节"之类的项目在荷兰地区进行了有趣的实验。2008年，荷兰的三角洲委员会发表了第二份报告，题为"与水共筑"。该标题似乎强调了跟"与水抗争"这条古老格言最终决裂的愿望。荷兰正在寻求一种新的防洪政策，以及由国家以外的各方实施并资助的城市和景观开发的新形式。尽管全世界都将荷兰视为对三角洲景观、城市发展和水管理采取"综合方法"的一个典范，但这种方法仍处于起步阶段。国家、城市和三角洲的概念，尤其是它们之间的关系，将被21世纪的荷兰重新定义。

本书探讨了从12世纪至19世纪"三角洲的状态"和"三角洲国家"的兴起，它们在20世纪的巅峰和衰落以及未来的新前景。

目 录

第一章　三角洲的围垦

一个由水和陆组成的动态景观

荷兰人从大海和河流中围垦土地的神话流传已久。然而,若不是海洋和河流本身为土地的形成奠定了基础,荷兰人将无计可施。(见图1–1、图1–2)

荷兰,尤其是其西部作为主要城市中心的兰斯塔德大都市区的发展,是自上一个冰河时代(大约一万年前)以来长时间新土地形成和人类努力控制其过程的结果。随着平原(现在的北海)被冰川融水覆盖,在洋流、潮汐运动和沉积物搬运等的共同作用之下,一系列沙洲和岛屿在莱茵河和马斯河河口较浅的区域发展起来。莱茵河、马斯河和斯海尔德河的河口切断了滩脊上一条长长的沙质海岸线。由三条河流带来的沉积物在海岸线后方的一个大型的泻湖沉积下来。

水在漫长的土地形成的过程中起着促进而非削弱的作用。在某种程度上,荷兰三角洲基本上是通过搬运和沉积来自河流和海洋的沉积物形成的。沉积物在河流的上游翻腾并被迅速带到了下游。当河流到达低地并汇入大海时,较浅坡度和加宽的河床减缓了水流,沉积物开始沉降。在宽阔河床的边缘,水流变得更慢,沉积物得以堆积,并随着时间的推移形

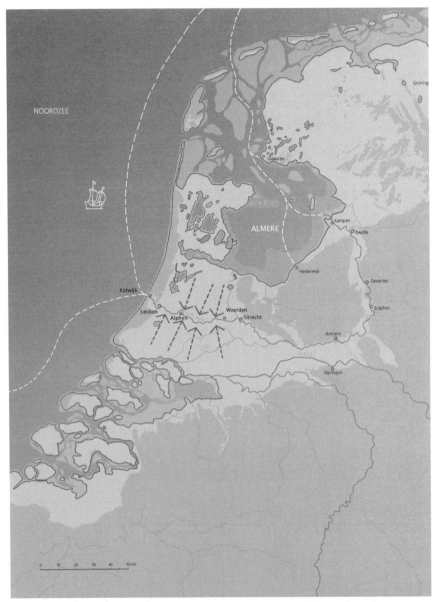

图1-1 1200年左右的低地国家。城市发展的重点是东部紧邻高地和通航水道的汉萨同盟城市。在西部，莱茵河的关键作用主要体现在航运以及将多余的水从滩脊后的泥炭沼泽中排出；但随后瓦尔河和莱克河开始接管这个角色。海洋对阿尔梅勒湖和西南三角洲的影响逐渐增大。绘图：提克·鲍马（Teake Bouma）

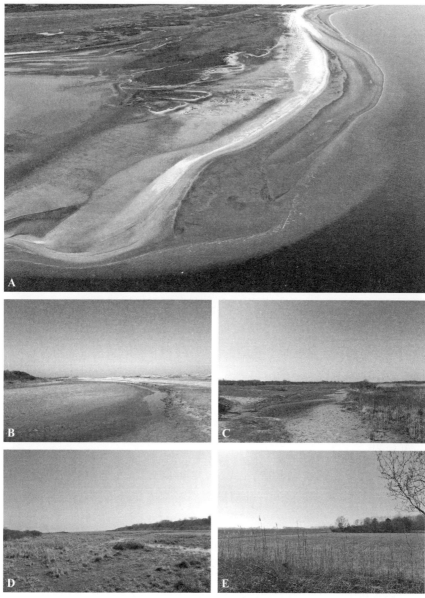

图 1-2　邪恶之角（De Kwade Hoek），戈尔瑞-欧文弗雷克（Goeree-Overflakkee）。在这里仍然可以看到各个阶段出现的海岸景观（A）。土地形成的过程：从新沙丘和海滩的发展（B）到植被的增长和泥炭层的形成（C, D），再到人类的筑堤和耕种（E）。照片 A 来自公共工程及水管理局（Rijkswaterstaat），照片 B—E 来自汉·迈耶（Han Meyer）

成了天然的堤防。河流在低地蜿蜒曲折,在内部弯道流动得更慢,沉积物沉淀堆积,新大陆逐渐形成。河流水位升得特别高的时候,在河流和堤岸高差小的地方发生溃堤,淹没大片区域;当水退去后则留下一层厚厚的淤泥,从而进一步抬高了土地。

海洋在土地的形成过程中起着相似的作用。滩脊是几个世纪以来漫长演变的结果。泥沙被海浪和洋流从海床翻腾上来,然后被水流搬运到湍流较少的地方堆积。一旦堆积的泥沙变干,会在风的动力下形成沙丘。如此,几个世纪以来,海洋促进了滩脊后新土地的形成。

滩脊之间的狭窄开口使得洋流可以通过潮沟渗入内陆。潮沟内的泥沙在潮汐的作用下被来回输送,在潮涨潮落间沉积,并最终发展为溪脊。

在较平静的时期,植被在来自海洋和河流的堆积黏土上生长。几个世纪以来,植被的死亡和腐烂形成了一层厚厚的泥炭层,从而演化成盐沼、泥滩、海滩、滩脊、沙丘、堤坝、泻湖、溪脊和泥炭沼泽等景观。

这个土地形成过程绝不是均衡的,而是在某些地方比在其他地方更快一些。虽然洪水往往会创造新的泥沙层,但它有时也会摧毁整块土地。河流和小溪逐渐被内部的沉积物淤塞,导致越来越频繁的洪水,以及河床和溪床的变化。

大约从11世纪开始,三个新因素使得土地形成的过程更加不均衡和不可预测:

一是海岸堆积让位于海岸侵蚀。大约在10世纪,不断上升的海平面使北海变深,以至于波浪和洋流对海床的影响越来越小,来自海洋的沉积物也越来越少。逐步的海岸堆积让位于海岸侵蚀:风暴潮时期海岸线上被移走的泥沙要多于平静时期沉积的泥沙,这种过程一直延续至今。

二是莱茵河河口的移动。随着沉积物被搬运并最终沉降,河流越来越难将水排入大海。当大型洪水退去时,河流的主干路线有时已经拥有了一个新的河床。这个过程产生的一个结果是三角洲的形成:河流不断发展出新的分支并最终汇入大海,沉积物进一步积累,形成新的土地。从10世纪开始,莱茵河的下游开始淤塞,当时它流经现在的乌特勒支

（Utrecht）、沃尔登（Woerden）、莱茵河畔阿尔芬（Alphen aan den Rijn）和莱顿（Leiden），最后到达卡特韦克（Katwijk）并汇入大海。向北发展出新的排水出口有一些问题，因为费吕沃（Veluwe）和乌特勒支岭（Utrechtse Heuvelrug）的陆地较高（因冰川移动推动冰河时期产生的冰碛石），意味着大量的河水无法向那个方向排放，只有一小部分河水通过艾瑟尔河（Ijssel）和费赫特河（Vecht）向北流入阿尔梅勒内陆海域；大部分河水排出的最佳方式是向南，也就是马斯河和斯海尔德河通往大海的出口。在12世纪之后，莱克河（Lek）以及最重要的瓦尔河（Waal）是莱茵河出海的主要分支；当莱茵河接近海岸线时，它逐渐与河床也经常移动的马斯河汇合。地壳的构造运动加剧了莱茵河河口的这种向南移动，导致荷兰西部的陆地逐渐下降，而东部则缓慢上升。[①]

　　三是人类在三角洲筑堤、居住和务农。从11世纪开始，人们开始系统地干预土地形成的过程。然而，人类在三角洲地区定居的历史更加悠久，特别是在较高的滩脊、堤防、溪脊和人工土丘上。这些人工土丘在北部称为terpen和wierden；在须德海（Zuiderzee）地区，例如马肯（Marken），被称为werven；在西南部则被称为vliedbergen。第一个大型排水工程的构建使沼泽泥炭地变得适合耕种和发展畜牧业。然而，排水导致泥炭层氧化和收缩，土壤急剧下沉。在头30年土地通常下沉一米或更多，之后下沉的速度逐渐减缓。这种土地持续下沉的过程导致洪水更加频繁，带来的后果也更为严重。为了抵抗洪水，人们在12世纪开始建造第一批堤防。然而，更大的威胁因素是烧泥炭制盐（moernering），以及后来的泥炭开采。泥炭层的大规模移除，使土地更容易受到洪水的侵害。烧泥炭制盐主要发生在三角洲的西南部，那里的泥炭饱含盐水。人们通过挖掘、燃烧和筛选这种泥炭获得了有利可图的盐。与此同时，这种干预削弱了堤坝的防洪能力，洪水过后大面积的低洼地带被淹没。

　　这三个过程导致了11世纪以后荷兰海岸的重大变化。在卡特韦克

---

　　① Wong et al., 2007.

的莱茵河河口淤塞后,从马斯河河口到艾河(IJ)以北形成了一条完整的沙质海岸线。然而由于一系列激烈的风暴潮,新的莱茵河河口的形成,以及由于筑堤和泥炭层减少造成的地面沉降,马斯河河口以南出现了一些更大的新入海口。

在三角洲的北部也出现了类似的情况。阿尔梅勒内陆海在数十年的时间里变成了一个开敞的入海口——须德海。连续的风暴潮将阿尔梅勒和大海之间的狭窄开口扩大成了一个宽阔的入海口。

大规模的土地围垦:三角洲的开拓者

三角洲的造陆为人类的定居和乡镇的发展奠定了基础,为耕地和畜牧业提供了肥沃的土壤,开辟了饱含鱼类和贝类的通航水域。然而土壤的变化不可预测,潮湿沼泽的土壤条件使耕作和定居变得困难,因此需要在开拓初期付出巨大努力。

在9世纪和10世纪,霍兰德①的伯爵和乌特勒支教区的主教意识到新三角洲的发展潜力。现在的荷兰是当时走向衰落的加洛林帝国的一部分。帝国内尤其是边缘地区的权威,实际上是由伯爵、公爵、主教和其他当地统治者行使。这些统治者像君主一样有效统治和行使自己的权力,相互竞争并频繁地发动战争,以扩大其领土尤其是控制有利可图的战略区域。②(见图1-3)

在9世纪,统治者意识到可以通过简单的技术将沼泽泥炭地的水排干,使其适合农业生产。人们能通过挖沟的方式将较高泥炭层的地下水排入河流。当河流水位较低时,这种排水系统效果最好;当水位很高时,简单的"止水闸"能阻止河水流回沟渠。这项技术为在泥炭地进行大规

---

① 为了区别Netherlands(国家名称)和Holland(原来的县,现在的省名称),以下把Holland音译为霍兰德。——译者注
② Blockmans, 2010.

图1-3 2015年乌特勒支西部的科肯恩（Kockengen）圩田。土地划分模式和排水系统可以追溯到12、13世纪圩田形成的时期。摄影：保罗·帕里斯（Paul Paris）

模、有收益的耕作创造了有利条件，统治者所希望的税收因此有了可能。这项技术是可行的，现在缺乏的只是排水和耕种土地的人力。统治者从周边地区和欧洲西北部的其他地区招募开拓者，并告知他们可以作为土地所有者在这里定居，开发霍兰德县和乌特勒支教区的泥炭地。开拓者想借此机会摆脱作为农奴或佃农的封建枷锁。这项大规模围垦工程为成千上万的人提供了离乡生活的机遇。[1]

　　这些开拓者可以购买一端连通中央排水渠（在荷兰语中通常称为watering 或 wetering）的长条形泥炭地。他们必须签署的合同包括两个主要条款：向统治者支付年税，以及有义务沿地块的长边挖掘和维护沟渠，使其接入中央排水渠。购买者（Copers）承担了很多连带责任。专门建立的行政区 Ambachten 由治安官（schout）和市议员（schepenen）管理，以便于维护法律秩序并执行法律；在建立的区域级水务管理机构（称为

---

① Van Tielhof & Van Dam, 2006; Van de Ven, 1993; 20035.

waterschappen或heemraadschappen）中，堤防长官（dijkgraaf）或水务委员会（heemraden）的任务是确保自己辖区的地块（称为copen）排水良好。大多数情况下，两个行政系统重叠，因此治安官也是堤防长官，而市议员也是水务委员会的成员。这种管理体系不仅造就了一个新的、独特的景观，而且还促成了一个新的、独特的永久农民社区，农民们合作维护公共秩序并监督水利基础设施的运作。

莱茵河的下游在这个发展战略中扮演了关键角色，因为新生copen的所有水流最终都通过排水渠进入莱茵河，再进入大海。这提升了乌特勒支、沃尔登、莱茵河畔阿尔芬、莱顿和卡特韦克等最初罗马定居点的地位。新系统不仅在排水方面发挥了功用，在运输、交通和贸易方面也起了重要作用。排水渠接入莱茵河的地方具有发展转运和市场的有利条件。

图1-4　1588年的滨海卡特韦克（Katwijk aan Zee）海滩，还可以看到1572年人们试图恢复老莱茵河河口的痕迹。1631年克莱斯·詹斯·维舍尔（Claes Jansz Visscher）在1588年约翰·范·德特科姆（Johan van Deutekom）铜刻的基础上蚀刻（片段）

围垦泥炭地的农业经济不断扩大,以及莱茵河下游定居点贸易的不断增长促进了城镇的发展。不久之后,这里成为霍兰德县和乌特勒支教区的中央城市走廊,以莱顿市和乌特勒支市为主要中心。(见图1-4)

大转型:霍兰德天翻地覆的转变

然而,由于上述沿海地区的变化,如海岸侵蚀,莱茵河河口的淤塞和南移,以及三角洲由于人为干预变得越来越脆弱,作为该地区中央排水道的莱茵河下游很快出现了问题。

从10世纪开始,河口淤塞的问题不仅影响了围垦泥炭地的排水,也为航运和贸易带来了不便。尽管多次有人提议和计划疏通卡特韦克河口,改善排水状况,但最终都不了了之。15、16世纪,有计划重新打开当时完全淤塞的河口,但再次失败。[①]莱顿镇想要恢复莱茵河下游昔日的辉煌,但是缺乏必要的技术和资金,也没能从霍兰德县和其他当局获得任何支持。

莱茵河下游逐渐变成了老莱茵河(Oude Rijn),而越来越多的水流通过偏南的分支——瓦尔河和莱克河汇入大海。由于上述原因,莱茵河的主要河口向南移动,与新马斯河(Nieuwe Maas)相汇。同时,在新马斯河和更偏南的斯海尔德河的河口之间形成了岛屿、入海口、沙洲、盐沼和泥滩等。除了新马斯河之外,新出现的哈灵水道(Haringvliet)和赫雷弗灵恩河(Grevelingen)入海口也起到了将莱茵河和马斯河排入大海的作用。

乌特勒支和霍兰德的泥炭大陆北部也经历了类似的变化,随着阿尔梅勒内陆海域扩张到须德海,两块泥炭大陆的北侧直接受到海洋的影响。老莱茵河在霍兰德和乌特勒支的"泥炭大陆"中扮演的角色越来越小,而西南和北部的新河口和入海口则变得越来越重要。

---

① Bisschops, 2006.

如今，莱茵河的老河道在当地的水管理中作用甚微，这意味着霍兰德和乌特勒支泥炭地区的水管理亟待重组。在围垦的泥炭地，地下水只能通过莱克河和新马斯河向南排放，或从艾河向北排放。（见图1-5、图1-6、图1-7）

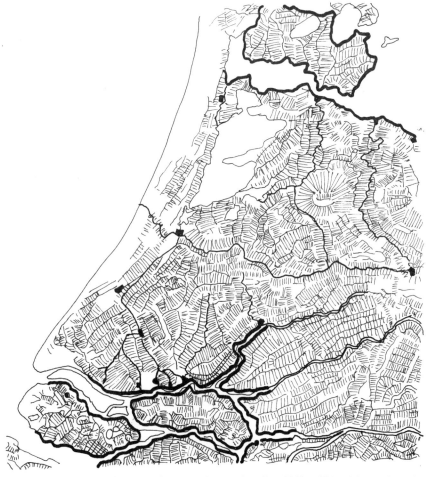

图1-5 "大转型"后的排水系统以及沿主要河流和艾河的第一批堤防（1500年左右的状况）。一些泥炭溪比如阿姆斯特尔河（Amstel）、费赫特河（Vecht）、斯帕恩河（Spaarne）、豪卫河（Gouwe）、鹿特河（Rotte）、斯希河（Schie）和弗利特河（Vliet）在向主要河流和艾河排水的过程中起到了关键作用。新兴城镇的建设对于规整这些排水系统具有战略意义。绘图：汉·迈耶

图1-6 1340年左右的鹿特丹重构图。新马斯河沿岸的堤防保护了盐沼不受河流影响。这些盐沼位于河流中水流速度最大、洪水泛滥可能性最高的弯道。在这些盐沼地筑堤被认为具有很大风险。人们在堤与鹿特河泥炭溪交汇的地方建造了设有排水闸的大坝。在这个大坝之上，沿鹿特河堤内侧逐渐发展起一个聚居区，这就是鹿特丹市的起源

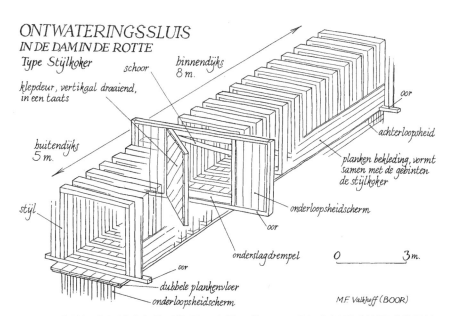

ONTWATERINGSSLUIS
IN DE DAM IN DE ROTTE
Type Stijlkoker

schoor
binnendijks 8 m.
klepdeur, vertikaal draaiend, in een taats
oor
buitendijks 5 m.
achterloopsheid
planken bekleding, vormt samen met de gebinten de stijlkoker
stijl
onderloopsheidscherm
oor
onderslagdrempel
0   3m.
oor
dubbele plankenvloer
onderloopsheidscherm

M.F. Valkhoff (BOOR)

图1-7 鹿特河水坝排水闸的重构图。这是一种15、16世纪在泥炭溪筑坝时常用的水闸。铰接门随着潮汐自动移动：在涨潮时，圩田外侧的水推动把门关上，水无法流入圩田；在退潮时，圩田内的水把门推开，水可以流出圩田

在 12 世纪,荷兰以区域为基础的水管理体系得以重组。^①在此之前,水管理一直是 ambachten 的任务。每一个 ambachten 由少量开拓地组成,由负责监管、司法和水管理的官员 ambachtsheer 管理。然而,排水系统的巨大转变超过了个体 ambachten 的管理能力。现在,这些 ambachten 必须在区域层面合作,并得到霍兰德的伯爵的支持。这自然给统治者带来了在区域内扩张权力并把排水渠用于运输和贸易的机会。在此期间,霍兰德的伯爵和乌特勒支教区的主教通过交换土地的方式,更有效地组织他们的领土,理顺彼此之间的界限。^②

原本流向老莱茵河的排水渠和泥炭溪通过移动、连接和延伸,被引入莱克河、新马斯河和艾河。该系统由名为 heemraadschappen 或 hoogheemraadschappen 的新区域组织协调。这意味着建立了一个介于伯爵和当地社区之间的治理、管理和监管中间组织负责水管理。由此可见,新兴的国家实质上是以水为基础管理的。

南部的泥炭溪如鹿特河(Rotte)和豪卫河(Gouwe)以及北部的泥炭溪如斯帕恩河(Spaarne)和阿姆斯特尔河(Amstel)现在变得尤为重要。在这段时期,弗利特河(Vliet)与斯希河(Schie)被连接起来,水不再向北流入老莱茵河,而是向南流入新马斯河。与此同时,通过在两条泥炭溪之间挖掘运河,建立了阿姆斯特尔河今天的路线,使大面积泥炭地区的水可以排入艾河。

以上这些变化彻底改变了中霍兰德地区的水管理系统,也改变了城镇的生长方式。主要的新排水渠与新马斯河和艾河的交汇处,为贸易、转运、市场以及城市建设提供了最有利的条件。

在这个时期,第二项水管理举措是沿着新马斯河和艾河筑堤,巩固这些发展的有利条件。在两个世纪的时间里,泥炭地的抽排水造成了土地的大面积沉降,多达数米,使得该地区极易受到洪水的侵袭。因此,在 13 世纪,霍兰德的伯爵指示在新马斯河的北侧和艾河的南侧修建连续的

---

① Van Tielhof & Van Dam, 2006.
② Van Tielhof & Van Dam, 2006.

堤防。由此,西部的沙质海岸线以及南北的堤岸线,从三面保护了中霍兰德的泥炭地免受海洋侵袭。只有东部地区仍然相对容易受到海尔德兰(Gelderland)和霍兰德地区河流的洪水影响。正如我们将要看到的那样,这个问题在未来的几个世纪仍然是议程重点。

尽管如此,中霍兰德水管理的转型为该地区北部和南部边缘城市的建设奠定了良好的基础。特别是在新排水系统把水排入艾河和新马斯河之处,需要在新修的堤线上修建水坝。这些水坝可以在低水位的时候打开,从泥炭地排出多余的水,并在高水位时关闭,以保护堤后面的圩田免受洪水侵袭。因此,水坝成为之后城镇建设的战略地点,比如起源于阿姆斯特尔河河坝的阿姆斯特丹、起源于鹿特河河坝的鹿特丹,起源于斯希河河坝的斯希丹(Schiedam),以及起源于豪卫河河坝的豪达(Gouda)。

作为新排水系统的一部分,泥炭溪的连接为城市的出现创造了新的条件。最典型的例子是代尔夫特(Delft),其名字来源于在弗利特河和斯希河之间"挖掘"(Delved)的运河。这条运河除了将泥炭地的水排向新马斯河外,也起到了连接沿海居民区与新马斯河沿岸新城镇的作用,是荷兰境内非常重要的一条交通路线。作为这条路线上的转运港口,代尔夫特的发展因此受益。

水管理系统的转型和中霍兰德地区北部和南部的新堤改变了莱顿和老莱茵河沿线其他城镇的地位,其作为霍兰德和乌特勒支地区中央城市走廊的前景不复存在。引领荷兰下一个阶段发展的是在泥炭大陆新边缘出现的城市,以及在较高滩脊上的聚居区。这奠定了兰斯塔德的基础。

西南三角洲:淤积与侵蚀

西南三角洲围海造田的方式不尽相同。从10世纪到12世纪,莱茵河河口的南移以及持续的风暴潮使中霍兰德和法兰德斯(Flanders)之间出现了裂口,从而形成了由岛屿、沙洲和入海口组成的系列群岛。尽管持续的风暴潮和洪水淹没了大片土地,但淤积的过程也促成了新土地的形成。

淤积发生在相对远离以及避开洋流的地方,而侵蚀则发生在洋流比较强烈的地方。形成三角洲的这两个过程之间的关系是由许多因素造成的,例如入海河流、海洋潮汐、波浪和风的相对影响,以及海洋、河流和河口河床的特征等。目前对于水道和浅滩演变背后的逻辑还无法给予确凿的解释。沿海和河流形态学的研究主要依赖于监测变化,并在此基础上作出严谨的预测。

在西南三角洲,风和洋流主要来自西南部,淤积通常发生在岛屿和沙洲的北部和东部。在岛屿避风侧的河口处修建圩田,建造小镇和港口,导致了溪口的进一步淤塞。在建造圩田之前,潮汐沿溪自由地来回运送泥沙;在溪被拦截之后,潮汐运动的变化导致淤泥聚集在溪口。从第一次城市大规模发展到19世纪,整个西南三角洲都经历了类似的过程。这样做的好处是可以不断修建和扩展圩田。人们通过筑堤圈集新的淤泥,形成圩田,然后通过连接岛屿和新生成的圩田扩展土地单元。经过长达数百年不断地围垦新土地和连接并扩展土地单元,西南三角洲地区逐渐形成了其特有的空间结构:大量拥有内堤的圩田。堤起初被用来围垦土地,然而一旦有外面的新土地形成,这些堤就不再是主要的防洪屏障。在一些岛屿上,人们拆除旧堤并利用其材料修建新堤。经证实,这些旧内堤有时可以起到二级防洪屏障的作用。如果新的外围堤防被破坏,那些旧堤再次起到阻拦洪水的作用,防止大多数城镇和村庄所在的老圩田被淹。1452年,菲利普二世(勃艮第)公爵颁布了禁止拆除旧堤的法案,这被认为是今天"多层"防洪措施的早期形式。在1953年的洪灾中,部分旧堤成功防止了更大的灾害。(见彩图1、彩图2)

侵蚀发生在洋流最强烈的地方,通常位于岛屿的西南海岸。只有不断修复损毁并替换材料,这些侵蚀点才能保留下来。

侵蚀、洪水和淤积造成了水道的不断变化。如今的东斯海尔德河长期以来是斯海尔德河的主要河道,而如今的西斯海尔德河只是曾经一条名为宏特(Honte)的小河。风暴潮使这条小河拓宽并加深。由于通往南贝弗兰岛（Zuid-Beveland）东部的克里莱克运河（Kreekrak）逐渐淤塞，从海上经由东斯海尔德河到安特卫普（Antwerp）的路线日益变得不适合通行，最终西斯海尔德河成为通往安特卫普的主要航道。

堤和圩田的建设并没有中止三角洲的动态变化。洪水、淤积和侵蚀仍然持续影响着其他薄弱的地方，尤其是在洪水发生时造成更严重的后果。15和16世纪的一系列洪水淹没了大面积土地，摧毁了数十个村庄和小镇。其中最严重的是1421年的圣伊丽莎白日洪水（St Elizabeth's Day）、1530年的圣费利克斯日洪水（St Felix's Day）以及1570年的万圣节洪水（the All Saints' Day）。

科学与工程

淤积虽说是一种自然现象，但是早期人们认为淤积可以被人为干预和操控。在岛屿附近的浅水区筑坝可以加速坝和岛屿之间的淤积。在高水位时，海水中的沉积物可以在坝和岛屿之间堆积；当水位下降时，坝则阻止沉积物被冲回更深的水道。类似的技术可以控制水道的方向。一旦坝和岛屿之间的土地淤积到一定高度，就可以开沟排水，增加岛屿的面积。

16世纪中期，负责斯蒂恩伯格尔（Steenberge）地区的理事——安德瑞斯·菲尔林（Andries Vierlingh）在《关于筑堤的论述》（*Tractaet van Dyckagie*）中详细讨论了这项技术。[①] 该手册阐述了如何利用筑堤围垦暴露的沙洲，开辟新土地，以及如何组织新圩田的排水系统和设计堤防等。菲尔林的书中含有精美插图，其中具有代表性的一幅描绘了沙洲中纵横交错的水道如何在退潮时排水。他进一步解释了即便在圩田被围垦后，使用自然结构的水道作为排水系统仍是十分重要的，即在堤与水道交汇

---

① De Hullu & Verhoeven (eds), 1920.

处设置水闸,在低水位时打开闸门,将多余的水从圩田排出。

　　人们对于这项技术的认知与掌握是在不断试错的过程中实现的。在14、15和16世纪,荷兰人在河道淤积地区进行了大规模的筑堤围垦和排水处理。泽兰岛(Zeeland)和南霍兰德岛(South Holland)就是在这个时期被开发并逐渐发展到今天的形态。保留下来的自然小溪结构与合理的土地划分共同组成了西南三角洲的一个特色景观特征。(见图1-8)

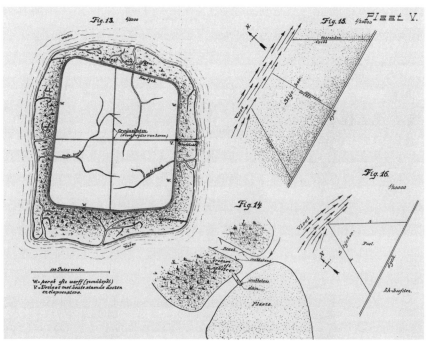

图1-8　安德瑞斯·菲尔林(Andries Vierlingh)的《关于筑堤的论述》(Tractaet van Dyckagie)中的插图:如何筑堤围垦,并从新生土地中排出多余的水。**Fig.13** 描绘了如何建造环形堤和连接数条小溪的排水渠。在排水渠与堤相交的位置建造水闸,将圩田中的水排出。**Fig.14** 显示了必须在水闸外的小溪建造防波堤,从而增加水流入和流出的速度,防止水道淤塞。**Fig.15** 和 **Fig.16** 展示了如何在堤外的盐沼地建造防波堤从而加快淤积过程。一旦淤积到一定程度,盐沼地就可以筑堤围垦

第二章 动态三角洲的城市建设

中霍兰德水管理系统的"大转型"以及在其"泥炭大陆"北部和南部建造的第一批连续堤围对西部三角洲一系列新城的发展具有重要意义。新的水管理局势在很大程度上影响了城市形态和区域格局。

此前，城市发展和经济增长主要集中在三角洲的东部边缘，即高地河流旁边。汉萨城镇群（Hanseatic）就是在那里发展起来的。这些城镇坐落于相对安全的高地上，同时也位于北欧大型航线网络的一条支流上。后来，随着濒临较深水域的"泥炭大陆"的浮现，人们更倾向于在这些更接近大海的地方修筑城市。这使得三角洲西部成为后来城市发展的中心。"泥炭大陆"新兴城市的布局主要呈现两种趋势，它们或者沿着泥炭大陆的边缘修建，或者在环形堤的外面发展，尤其是在三角洲西南部的岛屿附近。[①]（见图 2-1）

另一批新城镇的发展主要集中在中霍兰德的北部，特别是沿着新须德海的边缘。本章将主要介绍"泥炭大陆"的新兴城市群，它们之间的关联和互动很大程度上左右了荷兰三角洲的经济、政治、水管理和空间发展。

---

① 另见 Rutte & Abrahamse, 2014。

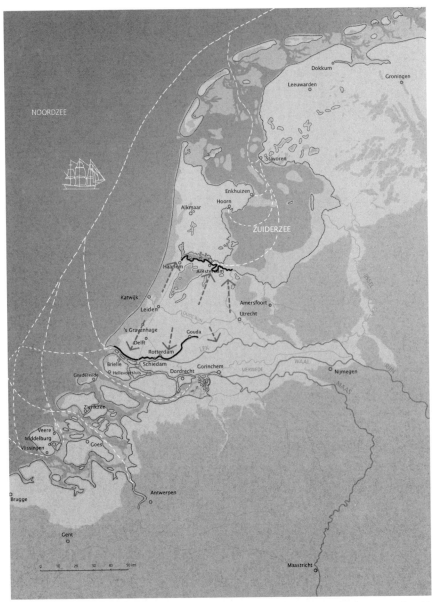

图2-1　低地国家1500年左右的状况。在"大转型"之后中霍兰德的排水系统开始运行。一系列由于筑坝而形成的新城镇在堤的内侧,泥炭溪流汇入艾河和新马斯河之处发展起来。这些地方相对于大海来说更加安全,同时又具备水上运输的便利条件。在三角洲西南部围垦岛屿边缘发展的城市同样具有安全性和交通便利的双重优势。绘图:提克·鲍马

城市、省和共和国

新马斯河和斯海尔德河之间的区域土壤肥沃,水资源丰富,并且与腹地港口连接便利。因此,人们在一千多年前三角洲的形成时期就意识到了这片区域的重要性。这就是为什么法兰德斯和霍兰德就三角洲的控制权和所有权争夺了三个多世纪,直到1323年巴黎条约以偏倚霍兰德的伯爵的裁决结束了这场争端。[①]然而,在1568年荷兰人起义战争开始之后,即法兰德斯留在哈布斯堡帝国统治之下,三角洲成为荷兰共和国的一部分之时,甚至到荷兰和比利时都成为独立的国家,三角洲的权力和势力一直是霍兰德、泽兰和法兰德斯之间紧张局势的根源。

荷兰共和国的崛起在共和国的中央权力机构(以"大议长"作为政府管理核心)、各省(特别是霍兰德省和泽兰省)、城市以及奥兰治家族之间创造了一种复杂的政治、军事和经济力量的新平衡。这牵涉在不同的城市或城市群之间、城市和水务委员会之间、一个省的城市和另一个省的城市之间、省和共和国中央政府之间等的连续不断变化的冲突和联盟。在所有这些冲突中,总有两个不变的要素: 城市(特别是阿姆斯特丹)和共和国联合机构之间的权力斗争,以及霍兰德和泽兰之间的竞争。这些政治和经济因素对荷兰三角洲的空间和水管理组织产生了深远的影响。

霍兰德和泽兰

位于泽兰省的米德尔堡(Middelburg)长期以来是荷兰共和国国内仅次于阿姆斯特丹的第二大海港。以米德尔堡为领头羊的泽兰省有着自己

---

① Blockmans, 2010.

的发展轨迹：它不仅与霍兰德省和其他省一起对抗外敌，也是共和国内与霍兰德省抗衡的主要对手。[①]

从那时起，霍兰德省和泽兰省以赫雷弗灵恩河入海口为边界，分别占据三角洲的一部分。三角洲的领土和水域划分颇有争议：1687年之前，霍兰德在泽兰的舒温－迪夫兰（Schouwen-Duivenland）岛上有一个名为波姆内德（Bommenede）的飞地，而在1805年之前，泽兰在霍兰德的欧文弗雷克（Overflakkee）岛上有一个叫做索默尔斯代克（Sommelsdijk）的飞地。

这并不意味着在三角洲内部，南部（泽兰）和北部（霍兰德）普遍达成了共识。主要的共识是它们需要应对共同的竞争对手。与此同时，各个岛屿、城市和圩田委员会都有很大的自治权，它们之间存在着相当大的竞争和冲突。其中最主要的冲突之一是经济动机，特别是各城市在国际和国内贸易中的地位和角色。总的来说，三角洲的"前沿"城市和"后方"城市之间的竞争从一开始就存在。前沿城市要么位于海上贸易线路上，如胡德雷德（Goedereede）、费勒（Veere）、米德尔堡（Middelburg）和弗利辛恩（Vlissingen）等，要么非常适合作为战舰的基地，如弗利辛恩和赫勒富茨劳斯（Hellevoetsluis）等。在三角洲的"后方"，人们更倾向于将城市建设在腹地网络中交通便利且不易受风暴影响的地方。虽然到14世纪，多德雷赫特、安特卫普和鹿特丹等三角洲后方城市取得了至高无上的地位，但在15、16和17世纪，三角洲前沿的城镇和岛屿通过贸易、渔业和蓬勃发展的农业实现了巨大的经济增长和繁荣，谷物和红染料茜草给它们带来了高额的利润。[②]

从15世纪开始，西南三角洲的岛屿在向霍兰德城市供应食物方面发挥着越来越重要的作用。这是因为霍兰德的泥炭地适合放牧，对于耕种来说过于粗糙，谷物和土豆的供给必须依靠进口。这就是为什么从15世纪起开始在三角洲开垦海滩土地被认为是一件非常有利可图的事情。这片土地被视为优质谷物和其他食品的潜在供应地，为食物的自给

① Knapen, 2008.
② Brusse & Van den Broeke, 2006.

自足提供了可能。1567年,安特卫普的意大利商人卢多维科·圭恰迪尼
(Lodovico Guicciardini)将泽兰谷物描述为"最细腻、最高贵、最好吃的谷
物……令人刮目相看"。①

　　与此同时,西南三角洲的入海口具有经济和军事上的战略重要性,
因为它们提供了前往霍兰德(多德雷赫特、鹿特丹)和法兰德斯(安特卫
普、根特和布鲁日)主要海港的通道。在荷兰人起义期间,争斗的重点是
对东、西斯海尔德河的管理和使用权,因为这是大海通往安特卫普和根
特的水道。西班牙当局希望保持出入这两个港口的航道畅通,而荷兰共
和国则主张关闭这些航道。在东、西斯海尔德河水域,西班牙和荷兰舰队
进行了多场海战。陆战的主要焦点是西斯海尔德河左(南)岸的控制权。
荷兰的军队设法控制了法兰德斯的这一部分,因此这块土地被称为"荷
兰法兰德斯(State Flanders)",后来又被命名为泽兰法兰德斯(Zeeland
Flanders)。荷兰企图用一系列防御工事和洪水淹没区阻拦西班牙军队,
但西班牙人经常撷取部分防线,并引发更大的洪水。几十年来,双方的边
界和洪水区域经常发生变化,致使原先泽兰群岛状的地貌变成了天然小
溪和人工水道的混乱组合,四处散布着堡垒和掩体。(见彩图3)

　　尽管霍兰德省和泽兰省在与西班牙的抗争中需要一致对外,但它
们的利益诉求并不总是匹配。鉴于许多陆战和海战都发生在泽兰,泽兰
城市的居民和议会认为他们一直处在战争前线,担负着拯救国家的重
任,而霍兰德的城市位于后方,跟战争保持着相对安全的距离。在经济
上的利益冲突更加明显。在起义前夕,特别是在哈布斯堡皇帝查理五世
(Habsburg emperor Charles V)的统治下,泽兰已成为国际贸易中的关键
环节。在16世纪,霍兰德城市的发展主要依赖于与波罗的海国家的贸
易,而英格兰以及南欧国家与法兰德斯之间的贸易,则通过泽兰的水域和
港口进行。1567年,圭恰迪尼将瓦尔赫伦岛(Walcheren)的公路称为"世
界贸易中心"。这是一个非常繁荣的时期,尤其是米德尔堡、弗利辛恩

---

① Guicciardini (1567), 1612.

（Vlissingen）、费勒（Veere）和济里克泽（Zierikzee）的海港。然而，西班牙军队重新占领荷兰南部，并关闭西斯海尔德河，终结了泽兰港口的获利渠道。英格兰与法兰德斯之间的贸易大幅下降，世界贸易中心转移到霍兰德。这在荷兰共和国港口关税的相对比例变化中尤其明显。在16世纪后期（1589—1596），泽兰港口征收共和国关税总额的39%，包括阿姆斯特丹在内的须德海港口为36%。仅仅三十年后（1620—1630），泽兰的份额几乎减半，至20%，而须德海港口的份额上升至58%。[①]

在持续八十年的荷兰独立战争期间，泽兰和霍兰德之间就如何更好地与西班牙人作战以及应该如何向与敌人贸易的船只征收关税产生了很多冲突。冲突不仅关乎经济利益，宗教也是其中一个很重要的要素。大多数泽兰人是严格的加尔文主义者，他们与西班牙人奋勇抗争，希望荷兰共和国和新教教会之间立约[②]。荷兰南部地区处于信仰天主教的西班牙统治之下，这与泽兰人的目标相左。[③]另一方面，在霍兰德，自由主义和自由思想占主导地位，强调宽容与宗教自由。

在荷兰共和国与西班牙国王的和平谈判期间，两省的利益和观点之间的差异开始显现。霍兰德的城市渴望和平，希望结束代价巨大的战争，在安宁的世态下发展他们在世界贸易中的新角色。

然而，对于泽兰来说，结束战争意味着他们八十年的抗争是徒劳的。泽兰人的目标是将西班牙人赶出法兰德斯，并将荷兰南部置于共和国统治之下，以恢复英格兰与法兰德斯之间的贸易，并让泽兰在其中担任核心角色。即使这个目标不能实现，战争至少让泽兰的城市能够留驻大型战争舰队和船员，并继续从掳获商船中获利。所有这些都由荷兰共和国承担成本，确切地说是霍兰德。因此，霍兰德迫切希望结束战争，而泽兰并不。

这场冲突导致了刚刚起步的荷兰国家的全面危机。泽兰议会的一些

---

① Priester, 1998.
② 荷兰共和国的成立是新教加尔文主义者反抗天主教专制国家西班牙的结果。在这个特殊的政治环境中，新教徒在改革宗教的思想和呼声中，坚定了反抗专制君主的决心。——译者注
③ Kluiver, 1998.

成员提议,如果霍兰德执意要与西班牙和平共处,泽兰就脱离共和国。然而,霍兰德最终达到了自己的目标。1648年,当条约签署时,泽兰只能咧着嘴勉强接受。①

　　这场冲突致使泽兰省及其城市对霍兰德省及其在共和国的主导地位的信任全然丧失,而且正如我们将看到的,这种不信任感再也不会真正消失。从17世纪开始,泽兰战后的强烈挫败感,泽兰恢复其从前在共和国重要地位的多次尝试,以及霍兰德省对泽兰省各种抑制,主导了两个省份之间的相互应对与决策,对两个省的政治、经济和空间关系产生了显著的影响。

　　霍兰德和泽兰之间的这种相互制约的紧张关系造成了共和国的失衡。在17和18世纪,大议长们每日忙于平衡两个省份之间的权益以防止冲突。另一方面,泽兰省在抑制霍兰德省的城镇(尤其是阿姆斯特丹)获得对国家政治的影响力方面,常常是这些大议长们的盟友和后盾。

三角洲装配式城市设计

　　为了充分发挥城镇坐落于泥炭溪口或小溪口的地理优势,城市水系统的核心和扩张部分需要进行一些特殊处理。水系统的核心有四个组成部分:(1)保护城镇及其周边地区免受洪水侵袭的堤防;(2)泥炭溪或小溪末端的中央运河;(3)调节圩田排水的水闸;(4)水坝外可作为开放港口的泥炭溪口或小溪口。在中霍兰德和西南三角洲的许多城镇中,以上四个组成部分至今依旧清晰可辨。

　　当小镇扩张到周围圩田时,人们必须在原来的系统基础上新建运河系统。新运河连接中央运河,并在重要节点设置水闸,确保水可以流转整个城镇并最终被排走。

---

① Kluiver, 1998.

新运河可以建造在既有的圩田沟渠系统上,最典型的例子是阿姆斯特丹的约旦区(Jordaan)。荷兰的其他地方也建造了与阿姆斯特丹同心运河系统一样全新的水管理系统。疏浚和加宽圩沟获得的土壤以及从别处获取的泥沙可以用来填高土地。在阿姆斯特丹,人们从附近的霍伊(Gooi)地区和沿海沙丘获取泥沙,填高同心运河系统的土地。然而,这种方法在某些地方不可行,比如在鹿特丹,人们只有通过降低地下水位的方式来获得干燥的土壤。[①]

这四个核心部分以及附加的运河系统组成的水利结构是霍兰德城镇发展的基础。这些组成部分通常也构成城市的主要面貌:堤防通常发展成城市中的主要商业街,水坝作为中央的公共空间,而运河旁是当地人贸易、漫步和居住的地方。

泽兰省和霍兰德省南部的城市发展有所不同。西南三角洲的岛屿大部分是由私人主导进行围垦的。14世纪之前,西南三角洲主要由法兰德斯统治,堤防建设和土地耕种的主要发起者是弗拉芒修道院,耕种获得的利润是他们收入的重要组成部分。在后来的几个世纪中,尽管法兰德斯的政治和军事力量减弱,但它仍然是东斯海尔德河以南所有岛屿中最具吸引力的,尤其是对于来自安特卫普和梅赫伦(Mechelen)的富商而言。[②]商人认为填海是一项利润丰厚的投资,新增的土地用于农业种植,在几年内就可以实现盈利。此外,从16世纪开始,意大利的乡村居住模式在法兰德斯和霍兰德省盛行起来,这为商人及其全家躲避城市的喧嚣创造了可能,新兴的农业区因此也被认为是非常有吸引力的地方。然而,在16世纪,西南三角洲遭遇了一系列强风暴的袭击,使得瓦尔赫伦岛、北贝弗兰和南贝弗兰的大部分地区在1530年、1532年、1552年和1570年被洪水淹没。弗拉芒的金融家一次又一次地投资修复堤防、排干被淹没的土地。但有时他们的努力是徒劳的,比如"淹没之地莱默斯瓦尔(Reimerswaal)"就永远消失在海浪之下。(见图2-2、图2-3)

---

① Hooimeijer, 2014.
② Dekker, Baetens, 2010.

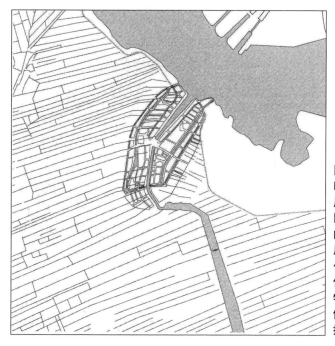

图2-2　16世纪中叶，得益于筑坝而发展的城市——位于阿姆斯特尔河河口的阿姆斯特丹。其原始圩田沟渠模式仍然清晰可见。人们在平行于阿姆斯特尔河河口的位置修建运河，从而优化排水

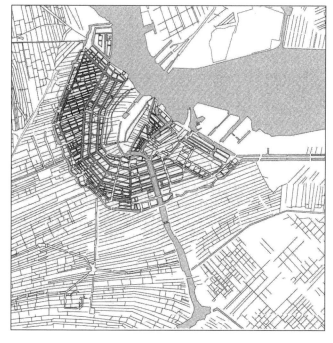

图2-3　17世纪末，同心运河建成后的阿姆斯特丹

来自霍兰德省的开发商和金融家相对来说比较幸运，他们专注于三角洲北部的岛屿。1216年，风暴潮突破了西福尔讷（West-Voorne，现在的戈尔瑞Goeree）和东福尔讷（Oost-Voorne）之间的沙丘，形成了一个叫做弗雷克（Flakkee，后来通常被称为哈灵水道）的大型入海口。在弗雷克的南侧形成了包括沙洲、盐沼、泥滩、运河和小溪在内的丰富地貌景观，这些实际上是之前完整沙丘黏土和泥炭景观的遗迹。沙洲上的黏土是农业生产的理想之地，开发商和投资者在15世纪时就关注到这片土地。在短短几十年内，一系列沙洲、盐沼和泥滩被整合开发。这些综合项目均有标准的设计概念，即修建环形堤，在新圩田配置排水系统，以及建设城市聚居区和港口。[①]

城市聚居区不仅为农场工人提供了住房，还配备了商店、铁匠铺、市政厅、教堂和港口。其空间设计主要基于三角洲既有的三种聚居类型：港口城镇、"环教堂式"村落以及"前街式"村落。

坐落于西福尔讷岛南部小溪口的胡德雷德是港口城市的代表。它是在弗雷克形成之后发展起来的。这个小溪口也是海港入口，圩田中排出水不断冲刷港口的河床，保证了港口的水深。该岛的南部遭受海风和海浪的影响较小，为航运提供了良好的港外锚地。

以教堂为中心生长的村落，即荷兰语中的"环教堂式村落"（kerkringdorpen），是在自然或人工形成的地势较高处发展起来的。人们在最高处建造教堂，住宅和农场均以教堂为中心呈环绕式布局。迪夫兰（Duiveland）岛上的德赖斯霍尔村（Dreischor）是这种布局类型的典型代表。

沿街道发展的村落，即荷兰语中的"前街式村落"（voorstraatdorpen）源于水务委员会颁布的建设禁令。禁令规定不得在堤上或紧靠堤建设房屋，因为这会削弱堤的强度，并增加对堤的监控、维护甚至在必要时加高的难度。因此，人们修建垂直于堤的街道，并在街道两侧建设住宅和发展

① Rutte, 2007.

商业,由此形成了面向街道的村落。

欧文弗雷克(Over-Flakkee)新圩田中的新建城市定居点是这三种类型的组合。这里采用了一种新的模块化城市布局方式,垂直于堤修建主要街道,在主街与堤相交的地方建造可以观望堤外港口的市政厅,在街道的远端修建教堂。港口的另外一个特色是"护指套式"结构。这是一种从岸线向外伸出的防波堤式码头,它将大部分的开放水域隔绝在外,港口内的船只可以免受波浪的干扰。

这种综合开发圩田、城镇和港口的方式被广泛运用于其他地区的围垦,比如北贝弗兰和科莱恩斯普拉特(Colijnsplaat)。(见彩图4、图2-4、图2-5、图2-6、图2-7)

定居点的一个关键水利特征是排水。这具有多重意义。首先,圩田里多余的水必须定期排入开阔的水域,以确保地下水位持低,防止城内低洼地区泥泞。此外,在历史上,运河还充当城区的污水排放渠道。因此,定期冲洗运河,将运河内的污水排出至关重要。直到17世纪,人们还在经常抱怨运河长期没有排污而使城中充斥异味。[①]最后,通过将城内的水排出可以保持堤外港口的水深,这具有重要的经济意义,因为淤塞的港口会削减其经济来源。

由于排水的需求不同,城镇居民和圩田农民之间产生了利益冲突。农民们需要水位保持不变,既不要太湿,也不要太干。城镇则需要定期冲洗运河并保持港口处的水深,这意味着水闸后面的运河和沟渠的水位不断波动变化。为了尽可能有效地保持港口水深,许多城镇采用的方法是:当河流或入海口处的水位上升时,打开水坝闸门,让水进入。这通常意味着部分圩田被淹没,甚至在风暴中被冲毁。当达到最高水位时,关闭水闸。等到河流或入海口处的水降至最低水位时,重新打开水闸,圩田里积聚的水会冲回开放水域。这不仅仅冲刷了镇上的运河水,还冲刷了港口入口的河床。

---

① Feddes, 2012.

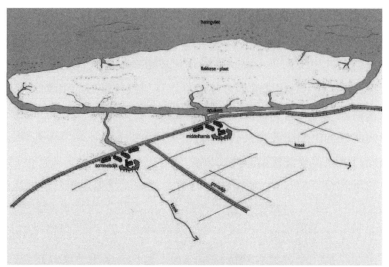

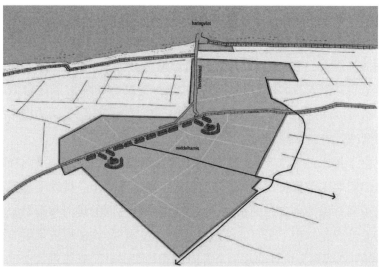

图2-4 米德尔哈尼斯(Middelharnis)和索默尔斯代克(Sommelsdijk):两个相邻的"淤积型城市"。16世纪围垦之后,两个城镇的中心迅速形成。人们修建与堤垂直的"前街",连接港口和以教堂为中心成环形生长的住区。在港口外有弗雷克沙洲。两个城镇均试图通过在围垦的土地和沙洲之间修建运河来保持他们港口的可达性。1806年,人们在沙洲上筑堤,并挖通了一条连接米德尔哈尼斯和开放水域的新运河,以确保其港口的可达性。与此同时,一直以来隶属于泽兰的索默尔斯代克被移交给霍兰德,曾经分开的两个港口被连通。到20世纪下半叶,两个居民点合并成拥有一万五千名居民的小城。绘图:汉·迈耶和迈克·沃默丹(Maike Warmerdam),代尔夫特理工大学

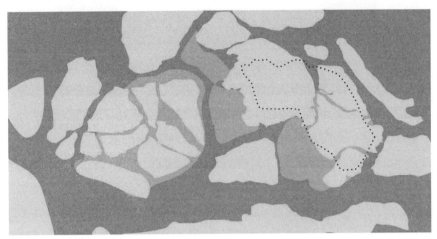

图2-5 16世纪北贝弗兰筑堤之前的状况。图中虚线为在老北贝弗兰圩田上规划的堤。绘图：伍特·史密斯（Wout Smits），代尔夫特理工大学

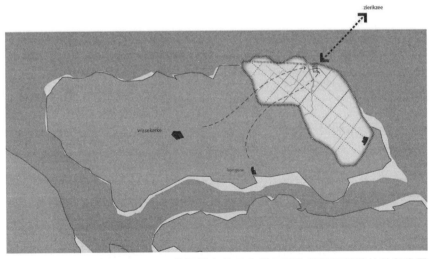

图2-6 17世纪的北贝弗兰。已筑堤的老北贝弗兰圩田和科莱恩斯普拉特新定居点。绘图：伍特·史密斯，代尔夫特理工大学

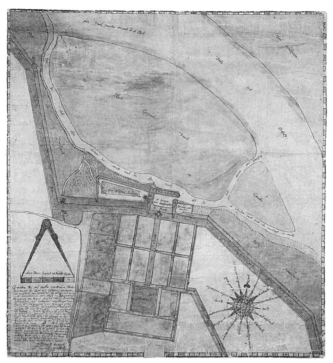

图2-7 科莱恩斯普拉特（Colijnsplaat），绘制于1625年，绘图：彼得·鲍文斯·德雷特（Pieter Bouwensz De Raet）。该图旨在警示堤围外的水状况令人担忧。尽管人们分别在海港两侧建造了泄水湖，沙洲却持续增长，导致通航运河的持续淤塞。城镇平面图展示了此类城镇的标准构建：前街、教堂环、堤和港口。在前街和港口相交的地方绘制了一个突出标识，意味着这个地方将来会被市政厅所取代

　　这是城镇居民和农民之间冲突不断的根源。众所周知，伊丹（Edam）和费勒（Veere）的农民试图在夜间破坏水坝，从而阻止排水。[①]为了密切关注此类事件，一些城镇在大坝的顶部建造包括警察局和监狱功能的市政厅。在其他地方，如弗利辛恩、米德尔哈尼斯（Middelharnis）、科莱恩斯和普拉特，则通过在城镇旁或后面建造单独的泄水湖来解决问题。

　　三角洲的城市所具有的空间结构是上述特征的组合：环教堂式、前

---

　　① 关于伊丹（Edam），见De Vries & Van der Woude, 1997；关于费勒（Veere），见De Klerk, 2003。

街式、堤防、港口和护指套式，位于环形中央的教堂和位于主街尽头或在堤上的市政厅。在市中心旁通常有一条流入泄水湖的小溪。如果淤泥仍在港口淤积，则必须增加一条港口运河和一个水闸。这些特征在西南三角洲的各个地区呈现出不同的组合方式。

淤积城镇和侵蚀城镇

　　淤积和侵蚀的过程对城镇与开放水域的关系产生重要影响。淤积的好处是它创造了新的土地，不利之处则是导致城镇港口的淤塞，人们需要采取越来越极端的措施来保持港口的通畅。

　　人们在堤围外不断开垦新土地。为了保持城镇的港口与开放水域的连通，人们不得不延长既有运河，甚至开发新运河。新运河的开发会改变城镇与水的朝向关系。比如，济里克泽及其港口曾经向东朝向豪卫河（划分舒温与迪夫兰的运河）。当豪卫河淤塞时，该镇不得不向南挖掘运河，建立与东斯海尔德河的直接连通。

　　在这方面最典型的是米德尔堡镇，为了保持与开放水域的连通，历史上人们一共挖掘了四条运河。起初该镇位于阿诺河（Arne）畔，即阿讷默伊登（Arnemuiden）汇入斯洛河（Sloe）处。15和16世纪期间，阿诺河不断淤堵，变得无法通航。1532年，查尔斯五世授予米德尔堡进入斯洛河的权利。当时人们修建了威尔星（Welsinge）运河。然而，最终斯洛河也淤塞了，于是人们在1817年修建了一条向北连接东斯海尔德河的运河。在斯洛河被筑坝拦截之后，运河在1870年至1873年间向南延伸，形成了横跨瓦尔赫伦岛的运河。这条运河也直接连接了米德尔堡和西斯海尔德河。拦截斯洛河的原因很多，其中包括建造弗利辛恩至贝亨奥普佐姆（Bergen-op-Zoom）的铁路。

　　最初，港口运河与入海口直接相连，一些港口在入海口低水位时几乎或完全露出土地，因此必须将系泊船只撑起来，防止船只搁浅翻倒。后来，人们在港口运河上建造水闸，在入海口水位下降时关闭水闸，隔离港口与入海口，以暂时保持港口较高的水位。

　　然而，一个现实的难题是如何为泄水湖、港口运河和水闸等设施筹措资金，尤其是当港口的功能具有双重性，这种双重性进一步引发两个利益团体的矛盾冲突。港口既要作为船只的停泊处，又要作为圩田的排水区域。这意味着港口的管理要受到两种相互冲突的权利制约：治安官和市议员代表了城镇居民的利益，旨在提高港口的通行能力；堤防长官和水务委员会或"陪审员"代表了农民的利益，需要尽可能降低圩田的水位。

　　在米德尔哈尼斯，治安官和市议员试图让堤防长官和陪审员加入支持加深海港的行列。起初这些尝试是徒劳的。16世纪后期，治安官和市议员在城市里设立鱼档，并要求渔民在那里出售渔获物，以筹措资金。然而，哈灵水道中间出现了一个新沙洲，加快了米德尔哈尼斯港口的淤积，最终干扰到圩田的排水。治安官和市议员与堤防长官和陪审员达成协议，共同筹资在港口以东的堤外盐沼中开辟一个新的泄水湖。农民需要为此缴纳一定的税费，额度取决于当时圩田里大量种植的一种作为染料的茜草的产量。[1]（见图2-8、图2-9、彩图5）

图2-8　从东边看米德尔堡，**1726年**（未知艺术家）。前景是在淤积的土地上开凿新威尔星（Welsinge）运河。国立博物馆收藏

---

① Verseput, 1953.

图2-9 弗利辛恩镇（Vlissingen），2015年。镇右边是西斯海尔德河的一条深水道，也是通往该镇的重要航道。需要不断维护堤岸以防止海堤受到破坏和侵蚀。摄影：保罗·帕里斯

　　淤积大大改变了三角洲各地经济活动和城市发展的条件。以渔业和贸易为生的港口城镇试图通过排水、疏浚和挖掘来改善淤塞的航道。但在某些情况下他们不得不妥协，继而转向其他（农业）经济类型。胡德雷德就是一个典型的例子。

　　侵蚀的过程瑕瑜互见。位于深水道附近的城镇拥有便利的港口，如弗利辛恩和赫勒富茨劳斯。同时，堤防的维护困难重重，特别是像在弗利辛恩那样，当强洋流穿过30米深的水道撞击海岸线时。通过不断维护、修复、加强、抬高和拓宽海堤，这些"侵蚀点"才得以留存到今天。

水，源源不断……

　　尽管荷兰在低地上筑堤、排水和发展城市的历史悠久，但这片土地

从未幸免洪水的侵袭。恰恰相反,从10世纪的第一次土地围垦到20世纪,荷兰遭遇了一系列大型洪水。①洪灾经常连续发生,有时在同年发生两次。西南三角洲和沿海的许多村庄和小城镇被摧毁。其他村庄、城镇和圩田不得不反复抽干,并且在很多情况下需要重建。洪灾造成的死亡人数往往很高。然而,只要有可能,重建工作就会开始,因为来自土壤和城市贸易的预期收益总是超过洪水风险。即使是在荷兰"黄金时代"(17世纪),蓬勃发展的大城镇也经常面临洪水防御系统脆弱性的考验。1610年1月的圣埃尔米提亚(St Emerentia)洪水使阿姆斯特丹、鹿特丹和多德雷赫特(Dordrecht)的大片地区被淹没。阿姆斯特丹尤其容易遭受洪灾。虽然达姆拉克(Damrak)向须德海开放;新堤(Nieuwendijk)和瓦莫街(Warmoesstraat)曾经是抵御洪水的堤防。可是一旦溃堤,这座城市的大部分地区都会被淹没,正如1570年的万圣节洪水(All Saints' Day flood)和圣埃尔米提那日洪水(St Emerentiana's Day flood)到来时那样。这些堤防虽然之后被加高,但仍然无法承受1651年的圣彼得日洪水(St Peter's Day flood)。风暴潮突破了圣安东尼堤(St Anthony's dyke,现在的Zeeburgerdijk),抵达阿姆斯特丹东部,洪水由此涌入城市。(见图2-10)

水作为中霍兰德的防御系统

从第一批城市建立时起水就以护城河的形式出现,用来防御入侵者。这个防御屏障通常是利用现有水道,比如改变小河和小溪的路径,使它们绕城流动。从16世纪后期开始,淹没之前被抽干的土地发展成一种

---

① 造成数百人丧生的大洪水年份: 1014、1042、1134、1163、1164、1170、1196、1212、1214、1219、1220、1221、1248—1249、1277、1280、1282、1287、1288(两次)、1322、1334、1362、1374、1375、1377、1404、1421、1424、1468、1477、1509、1514、1530、1532、1552、1566、1570、1610、1643、1651(两次)、1675、1682、1686、1703、1717、1809、1820、1825、1855、1861(两次)、1877、1906、1916、1926、1953。见Buisman,2011。

图2-10　圣安东尼堤在阿姆斯特丹溃堤。绘画：扬·阿瑟林（Jan Asselijn），1651年

作战方法。当西班牙人围攻阿尔克马尔（Alkmaar）、哈勒姆（Haarlem）和莱顿等城市时，挖穿堤坝和淹没圩田是一种驱逐敌人的有效方式。在荷兰共和国争取独立的早期阶段，这种方法只有零星的应用，但在随后的几十年，它成为荷兰共和国国防政策的一个组成部分。1589年的国防政策建立了"霍兰德水线计划"。如果战争迫在眉睫，从须德海到比斯博斯（Biesbosch）湿地的一系列圩田可以被淹没。在多灾多难的1672年，荷兰共和国在面临被法国军队侵占的危急时刻使用了水线，事实证明它确实能够阻挡敌人。这是一个完善的系统，用于保护荷兰西部城镇化的发达地区，尤其是中霍兰德的城镇。直到19世纪，这条水线才发生偏移，将乌特勒支市纳入保护范围。在此之前，也就是18世纪晚期，在乌特勒支岭的山脚下创建了赫雷伯线（Grebbe Line），主要用来减缓东面敌人前进的速度，从而为淹没霍兰德水线争取时间。在19世纪，又开辟了"阿姆斯特丹防线"(Stelling van Amsterdam），作为阻止首都落入敌手的最后手段。在20世纪，沿着艾瑟尔河也建立了一条新水线，以应对冷战期间东方集团日益增长的威胁。

在泽兰法兰德斯地区，不仅仅是荷兰共和国军队，西班牙人也将淹没视为一种作战方法。由于前线在这个区域定期移动，因此可淹没的圩田系统也不断变化，从而形成了一个不规则且分散的景观。这条水线的目的不是为了保护霍兰德的城镇，而是为了控制西斯海尔德河。西班牙当局希望维持安特卫普市对海的连通，而霍兰德的城镇则希望封闭这条通道。如前所述，这也是荷兰共和国内极具争议的问题。霍兰德的海港迫切希望削弱他们的竞争对手安特卫普，但泽兰地区的民众则希望安特卫普的贸易得以恢复。这就是为什么今天的泽兰法兰德斯没有正式成为泽兰省的一部分，而长期保留了"荷兰法兰德斯"的身份（见彩图3）。

科学与工程

水流和泥沙输送的影响、深水道和沙洲的发展，以及堤内土地、滨水城镇和港口的淤泥积累，呼唤关于水流和沉积过程的伟大认知。很多时候，人们对于一些现象的应对是即时的，比如当淤泥积累时，新土地被堤围、排干用于农业用途。人们试图通过建设泄水湖和垂直于海岸线的防波堤式码头，以对抗港口入口处的淤塞。

制图师试图在三角洲的地图中尽可能准确地指出浅滩和航道的位置。即使这些地图开始时是可靠的，但不断变换的水道和沙洲也意味着它们不会长期保持在那里。

理解淤积和侵蚀过程的需求更迫切，因为需要采取适当的措施来应对后果，例如固定的航道、海岸线和浅滩可以增加陆上和海上活动的安全性。这将在下一章中进一步详细讨论。

城市建设、社会和市民

1500年到1650年期间,荷兰的城市呈爆炸式发展。生活在现在荷兰领土上的人数增加了一倍,约有一二百万人。绝大多数新移民在城市定居,城市人口的占比从1500年的27%增加到1675年的42%,荷兰共和国成为欧洲城市化程度最高的地区。[①]

这些新城镇的居民从哪里来?他们是如何在城市社区中共同生活的?水和水管理在创建社区的过程中扮演了什么角色?

荷兰的城市发展很大程度上依靠周边国家的大量人口涌入。正如前一章关于三角洲发展所阐明的那样,土地围垦为来自欧洲西北部的农民提供了极具吸引力的前景,使他们能够在霍兰德和乌特勒支的泥炭区建立新生活。作为独立农民,他们不得不向地方统治者和水务委员会缴税,但他们不再是农奴。

城市空间的进一步发展和以航运为基础的城市经济的发展,以及霍兰德的圩田排水和泽兰的土地开垦需要更多的劳动力。在1540年到1815年期间,筑堤和围垦使霍兰德的土地面积增加了十分之一以上,泽兰的土地面积则增加了近四分之一。体力工作需要成千上万的廉价劳动力,如在新圩田筑堤、挖渠和疏浚的劳动力,在城镇和港口的搬运工、码头工人、船工和垃圾收集工,以及航运所需的劳动力。航运公司在德国、法国、英国和苏格兰招募了大量工人。与此同时,大量外国工匠和商人涌入荷兰的城市。(见图2-11、彩图6)

在1575年至1625年期间,超过50%的新居民来自国外。他们大多数来自荷兰南部(今比利时),主要是商人、知识分子、工匠和其他逃离西班牙统治的人。德国、英国和法国是更便宜的劳动力招募区。[②]结果,荷

[①] De Vries & Van der Woude, 1997.
[②] De Vries & Van der Woude, 1997; Braudel, 1992.

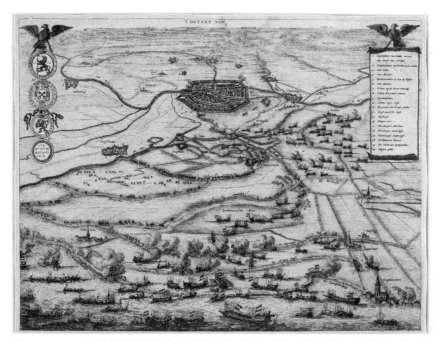

图2-11　1574年莱顿的救援（未知艺术家）。荷兰反叛军故意破坏鹿特丹和艾瑟尔河畔卡佩勒（Capelle aan den Ijssel）的海堤（Schielands Hoge Zeedijk），鹿特丹和莱顿之间的大片圩田被洪水淹没，迫使西班牙军队放弃对莱顿的围攻

兰的城市人口极为混杂，城市居民具有各种地理、文化、社会和宗教背景。在17世纪，仅鹿特丹就有十个不同的宗教社区：新教徒、浸信会、天主教、犹太教、苏格兰人和瓦隆人改革宗、长老会、圣公会和路德教。[①]撇开这些种类繁多的来源和信仰，城市人口可以按照收入和财富分为三组。最高层的市民因为缴税，从而拥有城市大部分的政治权力。17世纪，纳税起征额为年收入600荷兰盾以上。在17世纪中期，这部分人群大约占城市人口的21%。[②]虽然纳税人正式掌权，可以指定镇议会成员，他们仍然需要"好的社区"（goede gemeente）的支持，主要是那些年收入少于600荷兰盾，但对市镇发展非常重要的市民，包括工匠、教师和军官等。城市

① Mentink & Van der Woude, 1965.
② 由 De Vries & Van der Woude 计算，1997, p.567。

人口的最底层是贫民窟的穷人和乞丐,这部分人群的数量在经济衰退时期呈现增长。

这些新人口群体的共存需要相当大的包容度,除此之外,必须将共同的目标和价值观灌输给他们。因此,重要的是让"好的社区"在与城市繁荣和安全有关的三个关键领域发挥积极作用。其一是包含各种工匠的行会。行会成员对他们的职业和城市都有强烈的认同感。莱顿酿酒商行会的成员不仅为他们的行会感到自豪,而且以他们是莱顿啤酒行业协会的成员为荣。[1]其二是维持法律和秩序的国民警卫。其三是水管理。水坝、港口、运河和堤防这些水管理系统最重要的构成也是主要的公共区域。它们不仅保护城市免受洪水侵袭,并且也是城市物资的转运点。频繁的洪水让人们深刻意识到城镇发展需要有效的防洪系统。虽然这些防洪设施是由纳税精英资助的,但整个社区都参与建设、维护以及开展最为重要的监督和修复工作。圩田委员会、镇议会和水务委员会组织了一个涉及尽可能多居民的堤防监控系统。当风暴来临,水位升高导致溃堤时,需要付出极大的努力来缓解灾情,这也需要大量的人力。

水坝、高街(或"前街")和港口是建立主要行政、商业和宗教机构的地方,也是市民会面和讨论当前事态的场所。人们在这里讨论的话题广泛,比如鲱鱼的质量和价格、最近的风暴对城镇的影响、战争的威胁、交易船队的到来,以及是否需要修理码头或疏浚港口。这些城市中心的公共空间也是宗教生活仪式和民众生活中重要事件(比如婚葬仪式)的主要舞台。水坝、港口和运河也往往成为绘画场景的主题或背景,装饰在市民家中最好房间的墙壁上。阿姆斯特丹的水坝广场就是一个经典案例,展示了一个重要的水利结构是如何发展成为主要的城市空间。这里不仅建立了行政、商业和宗教机构,也是货物从船上卸下并出售的场所。更重要的是,水坝广场把城市生活的方方面面和各类人群都聚集在一起,比如匆忙的马车夫、拉货的码头工人、闲聊的贵族和嬉戏的孩童。

---

① Ladan, 1989.

图2-12 作为阿姆斯特丹贸易和行政中心的水坝广场，1750年，未知艺术家。从罗金街（Rokin）上的旧交易处看到的景象：左边是市政厅，后面是新教堂，中间是秤量房，右边是达姆拉克河（Damrak）上的驳船（将货物从远洋船上运到水坝广场的小船）。在地平线上可以看到停泊在艾河上的远洋船

　　因此，水管理的组织是实现城镇居民地方认同感的关键因素，尽管他们之间存在着宗教和其他方面的差异。（见图2-12）

城市和省

　　在泽兰，公民身份的发展有所不同。从18世纪开始，泽兰的城镇居民对周边的乡村产生了越来越强烈的地方认同感。[①]泽兰的城镇发展永远无法赶上霍兰德的这种意识滋生了"乡村泽兰的发现"。农业产品被视为泽兰省经济的核心，乡村则是泽兰身份的核心。这个观念也体现在城市和农村人口之间不断变化的关系。1600年，泽兰45%—50%的人口

---

　　① Neele, 2011.

居住在城镇；1795年，这个数字下降到33%。在同一时期，居住在城镇的霍兰德人口比例基本保持稳定，达到60%。虽然在17世纪早期泽兰省的大部分就业集中在贸易和航运领域，但到17世纪末重点已转向农业。[①]

许多绘画、素描和版画都反映了泽兰乡村的耕种景象，而城镇只是作为圩田或岛屿的一部分出现在画面中。

在中霍兰德，这种文化现象要少得多，城镇周围的乡村仍然扮演着城镇背景或前景的角色，而且这些乡村大部分时候是城镇的延伸。贝姆斯特尔（Beemster）、皮尔默（Purmer）和沃尔默（Wormer）等地区在富裕的阿姆斯特丹市民的倡议下被排干，用来耕种以保障城市的食物供应。此外，上文中提到的关于圩田排水的冲突主要发生在霍兰德。霍兰德的乡村很多时候需要承担缓解城镇危机的角色，比如在独立战争开始时，人们故意淹没城镇附近的农村，以结束西班牙对莱顿和阿尔克马尔的围攻，这对当地农民和农村社区来说是灾难性的。

在泽兰，公民身份更像是一个省级问题，因为人们认同的是省而不是城镇。上述霍兰德和泽兰之间的冲突在这方面起了关键作用。最初，省只不过是国王允许伯爵统治的行政单位。除军事战略外，一个省的主要任务是提供足够的税收。但是，在荷兰北部反抗哈布斯堡王朝时，这种情况发生了巨大变化。伯爵、公爵和主教失去了统治者的地位，各省像是独立的州，成为城镇利益的集体维护者。在荷兰，这种变化使得伯爵们在相当长的一段时间内必须维系他们与城镇之间、城镇与城镇之间的一种动态的权力平衡。在泽兰，这种变化对于其摆脱荷兰的统治至关重要。泽兰比其他省份更强调其作为"主权和独立州"的新地位及其在共和国联邦结构内的自治权。[②]

这种对自治的重视及其重要性可以在17和18世纪期间大量绘制的泽兰地图中看到。强调省自治和统一是泽兰人自我形象的重要组成部分。在霍兰德，重点则是个体城镇的自治和权力，以及它们之间的竞

---

① Priester, 1998.
② Kluiver, 1998.

争,特别是在阿姆斯特丹和其他城市之间。①此外,所有最大和最有权势的城镇都位于中霍兰德,即沿着艾河的河堤和新马斯河之间的"泥炭大陆",尽管霍兰德省远大于此。艾河以北的地区(Noorderkwartier和West Friesland)被认为是中霍兰德城镇的外围地区。对于南霍兰德的岛屿来说更是如此,这些岛屿被视为泽兰与中霍兰德城市之间的缓冲区。

动态自然和社会背景下的城市发展

在12世纪到19世纪之间的漫长时期,城市发展是一个高度动态的过程。首先是河流和海洋的自然系统,包括洋流、潮汐、沉积物运输、沉积、风、风暴和降雨的动态。其次是一个充满活力的社会环境,其中城市的兴起和一部分城市公民发挥了关键作用。

荷兰西部泥炭沼泽和海黏土岛屿的筑堤围垦与经济和城市增长的西移相伴。泽兰省内城镇的兴起极大地促成了这种转变,但在17和18世纪,它们被中霍兰德的城镇赶超。因此,水利工程、特定类型的城市以及政治和经济力量的发展变得紧密相连。

在18世纪,河流和海洋的自然动态以及经济和城市发展的社会动态引发了越来越多的问题。这些问题不再能够在个别城市、省份或圩田的层面解决。三角洲的淤塞和日益萎靡的经济密切相关,并要求在更高层面寻求解决方案。

---

① Brand, 2012.

第三章　三角洲管控之中的国土建设

一个新的水上之国：以荷兰为范例

　　荷兰三角洲的城乡经济在17世纪达到高峰后进入了缓慢而持续下滑的通道。造成这种情况的原因有很多，例如邻国（特别是英国）经济和军事力量的不断增长等。当然主要还是内在的原因，其中包括三角洲水域的自然状态。三角洲水域的洪水风险越来越大，水道也越来越难以通航。另一个原因是，联邦的政治和管理局势实际上是支离破碎的，共和国的城市和省大部分采取自治，中央政府能做的非常有限。这两个因素密切相关，三角洲自然状态的任何实质性改善只有在整个三角洲规模上才能实现，而不取决于水务委员会、圩田委员会、省或城市，因为这些机构只是区域性的，资金和技术资源都很有限。

　　扭转共和国衰退的政治、经济和军事局面同样需要在国家层面采取更加协调一致的政策。在18世纪，三角洲的自然状态和中央政府管理薄弱这两个问题越来越成为公众的议题，在这两个领域提出的创新策略相互促进且相互依赖，并在19世纪后期得以实现。改善三角洲的自然状态既需要一个强大的中央政府，也可以促进政府管理的加强。人们希望水管理的创新将有助于国家统一，并削弱各省尤其是霍兰德

省所有城市各自为政的力量。然而,新的荷兰国家政府仍然以失败告终。(见图3-1)

在英国、普鲁士、俄罗斯和奥地利大国击败拿破仑之后,于1814年至1815年举行的维也纳会议促成了荷兰王国作为一个独立民族国家的出现。在关于重新设计欧洲领土的谈判中,荷兰王国首次出现在地图上,作为普鲁士、法国和英国之间的缓冲区。[①]与荷兰共和国过去松散的独立省联邦相比,这将是一个由强大君主领导的统一国家。在法国统治时期,巴塔维亚共和国已经开展了初步工作。荷兰成立了一个不再代表各省而是"人民"的国民议会,并且在1797年制定了宪法的初始版本。在1806到1810年间,在荷兰国王路易斯·波拿巴的引领下,国家公民身份制度诞生,代替了城市公民身份制度。另一项改革是税收制度的统一,包括统一在国家层面登记的土地税。在这里,我们主要关注的是一个负责保持河流通航并确保沿海和河流防洪的国家机构,也就是于1798年成立的国家水务局。

荷兰王国于1815年成立后,可以沿着建立统一国家的这些最初脚印走下去,但这并不足以让它成为一个正式的欧洲国家。如何让荷兰在新欧洲占据一席之地不仅是国王和政府的责任,而且对于所有致力于把荷兰发展成一个民族国家的人都至关重要。荷兰不再代表经济和军事世界的力量,这个角色显然在一个多世纪前已经结束。有些人认为,荷兰可以成为道德和公民价值观的典范,因为其城镇人口的比例远远高于其他欧洲国家,意味着荷兰在新兴的中产阶级社会中是一个具有适当价值观的先驱者。荷兰应该发挥传播这些价值观的角色,以提升国家地位。正如著名的历史学家霍夫代克(W.J.Hofdijk)在1864年所述:"与其说(荷兰)是世界上最强大的国家,不如说其是最具有道德正义的国家。"[②]

在19世纪和20世纪期间,荷兰作为典范国家的想法变得普及,并被认为适用于各种主题和领域,包括本章所关注的水管理。

---

① Wessels & Bosch, 2012.
② Quoted in De Rooy, 2014.

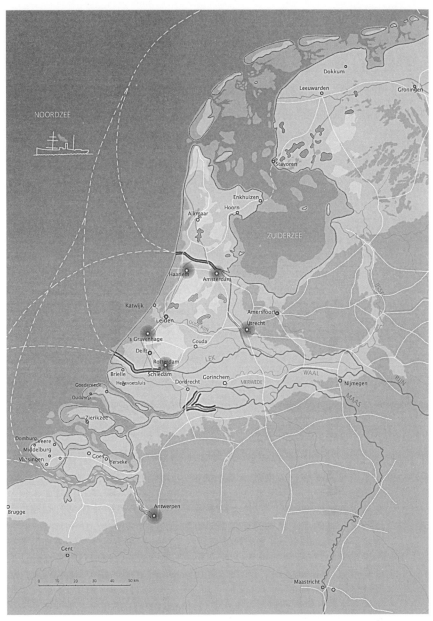

图3-1 大约1900年的荷兰。在完成"大冒险"（新沃特伟赫河和北海运河）以及在多德雷赫特南部的新梅尔韦德河（Nieuwe Merwede）和贝赫马斯河（Bergsche Maas）规范化项目之后铁路网也发展了。所有这些都增强了中霍兰德城镇的地位和发展，同时使泽兰的城市边缘化。绘图：提克·鲍马

荷兰作为世界典范的这种观点有时难以响应国际局势的发展,迫使荷兰人不断追求自己的利益。维也纳会议的另一个影响是促成了1815年在莱茵河上建立的中央航运委员会。特别是在19世纪下半叶,在鲁尔区工业和铁路兴起之后,普鲁士国家开始利用该委员会来提升莱茵河作为航线的潜力。如果鲁尔区的发展过分依赖铁路公司,会造成货运价格越来越高。为了控制价格,有必要加深从北海河口到鲁尔河整段莱茵河的航道。[①]在这段航道上,荷兰三角洲的淤塞被视为只能通过激进措施解决的一个问题。(见图3-2、图3-3)

图3-2 地图显示由于来自莱克河上游水的汇入,霍兰德和乌特勒支出现了水患。1749年由伊萨克·提里奥(Isaak Tirion)在原始地图上绘制,1761年由代尔夫兰水务委员会出版。红色大写字母a到k显示了1740年到1761年间莱克堤防被破坏的点。特别是迪尔斯泰德附近韦克(Wijk bij Duurstede)和斯洪霍芬(Schoonhoven)之间堤的破坏给乌特勒支和荷兰的大部分地区带来了洪水风险,如黄色和绿色所示。图中还建议了屈伦博赫(Culemborg,此处显示为"Kuilenburg")和莱尔丹(Leerdam)之间的捷径,随着莱尔丹和霍林赫姆(Gorinchem)之间的小河——灵厄河(Linge)的扩大,这项工程可能会改善从莱克河到霍兰德水道(Hollands Diep)的排水。该提案从未实施,但根据这张警示地图,莱克河的堤防得到了加固

---

① Klemann, 2013.

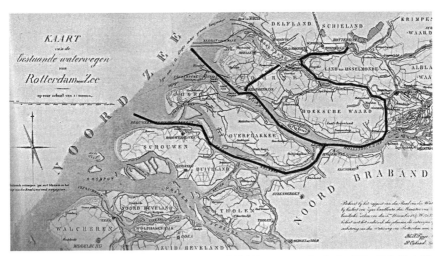

图3-3　从海上到鹿特丹港的航道。新沃特伟赫河于1874年建成,最初只向较小的船只开放,但是经过改进,从1884年起任何规模的船只都可以到达港口

荷兰三角洲水域的困境

　　莱茵河中央航运委员会的工作不仅是改善荷兰河流的流量和通航力。从18世纪开始,三角洲的淤塞引起了越来越多的问题。在西南三角洲大规模的围垦造地加速了淤塞过程,而且河口的持续缩窄使来自上游的沉积物的堆积空间越来越小。这些变化使得河流越来越难将水排入大海,从而引发了上游的一系列大洪水。特别是在严冬之后,河流将大量的浮冰带到浅滩,堆叠形成巨大的冰山,进而破坏堤防。在18和19世纪期间,荷兰中部濒河地区(rivierengebied)发生了十一次严重的洪水,分别是:1726年、1741年、1781年、1784年、1799年、1805年、1809年、1820年、1855年和1861年的两次。这些洪水不仅在濒河地区造成了伤亡和破坏,也对乌特勒支和霍兰德构成了威胁。1726年,当荷兰艾瑟尔和老莱茵河沿线溃堤时,乌特勒支和霍兰德乡村的大部分地区被洪水淹没。更严重的洪水会对城镇产生巨大的影响。18世纪中期在莱克河沿岸的堤防屡遭毁坏之后,代尔夫兰(Delfland)水务委员会于1761年发布了一张地图,

以显示中霍兰德和乌特勒支的水患风险以及这些地区（包括阿姆斯特丹、鹿特丹、豪达、代尔夫特、莱顿和乌特勒支的城镇）的脆弱程度。洪水的威胁促使代尔夫兰、莱茵兰（Rijnland）和斯希兰（Schieland）水务委员会共同努力加固莱克河的堤防①，这也表明，人们越来越意识到今后必须在更高层面组织防洪工作。

当时的另一个问题是，鹿特丹港作为运往德国的货运转运点的身份越来越重要，然而马斯河河口的淤塞使其可达性越来越低。更多排水量大的重型船只必须沿着哈灵水道、赫雷弗灵恩河甚至东斯海尔德河进入鹿特丹。得益于海上贸易的发展，三角洲许多较小的地区成为鹿特丹的外港，尤其是布劳沃斯港（Brouwershaven），此外还有赫勒富茨劳斯和济里克泽。然而，位于新马斯河河口的布里勒市（Brielle，当时英语称为布里尔 Brill）面临失去其作为鹿特丹外港优势的危险。在外港处，货物从载重量大的船只部分或全部转运至较小的船只，乘客也在那里上下船。吃水浅的船只可以通过三角洲的浅水区到达鹿特丹。对于乘客而言，在外港处上下船更为便利，因为如果风力不足或者风向不利，可能船需要几天时间才能通过三角洲。

然而这种情况特别不利于航运，穿越三角洲内蜿蜒的航道不仅耗费了大量宝贵的时间，而且非常危险。不断变换的航道和沙洲降低了海图和信标的可靠程度，引发了许多沉船事件。三角洲各处的不祥名称，如"地狱之洞"（Hellegat）和"邪恶之角"（Kwaaie Hoek），寓意着其深浅不可预测的危险。

对科学知识的渴求

在18世纪，河流状况的任何结构性改善主要取决于两个方面：一是对整个河流和海岸防御系统强有力的中央控制，二是对河流和洋流、沉积模式以及侵蚀动态和速度这些知识更多的了解，以及施加干预和操控的

---

① De Wilt et al., 2000.

方式。总体而言急需开发旨在解决实际问题的知识。虽然荷兰的大学已经建立了"知识中心"的良好声誉,但大学传授的知识并非以实践为导向。在大学之外,越来越多的业余科学家专注于实践层面。为了利用这种潜在的知识和研究解决时下的紧急问题,成立了促进科学发展的各种协会和社团。这些机构试图通过举办各种主题的竞赛调动潜在的知识。当时的首个、也是最大且延续至今的协会是成立于1753年的霍兰德科学协会。[1]它在物理学、化学、地质学、生物学、医学、神学、教育、气象学和天文学等领域举办过各种主题的竞赛。其中,水利工程领域的竞赛是传统项目。在1753年至1850年期间,至少有38场比赛涉及水利学专题,包括了理论问题(如计算水流速度)和极为实用的问题(如堤防必要的高度和覆盖层),问及范围从海岸侵蚀直到如何建造排水渠水闸。在38场比赛中有13场是关于河流和入海口的。令人惊讶的是,在此期间对几个世纪以来河流"动态"趋势的研究已经开始。该协会在1808年、1813年、1824年和1833年共四次呼吁进一步研究、解释和解决河流路线和水位的变化,这大大鼓励了参赛者探讨从罗马时代起漫长的河流和入海口的动态演变。然而,到目前为止成果甚微,大多数问题几乎没有得到回应,也没有人获得奖项。简而言之,人们意识到河流存在结构上的问题,但没有人发现问题的症结。

在霍兰德科学协会组织的竞赛的广泛主题中,还有一个本书脉络中的有趣类别,即可能有助于民族国家新公共秩序的问题。关于城镇意义的竞赛尤其引人注目。1820年,当荷兰还是一个年轻的民族国家时,协会呼吁回答以下问题:

"城镇,尤其是城市,如何影响一个国家的道德、文明和繁荣?它们如何以及在多大程度上有利,它们如何以及在多大程度上有弊?是鼓励还是阻止它们的维护和扩展(如果存在)或它们的建设和发展(如果没有)?怎样可以发挥有用和有利的方面,以及消除或防止负面影响?"[2]

这些问题并没有得到回应,至少没有人提交解决方案。然而,这个问

---

① De Bruijn, 1977.
② De Bruijn, 1977. p.166.

题可以看作是民族国家能够而且应该关注城镇发展，以及必要时创造新城市这种观念的萌芽，为国家空间规划奠定了基础。

霍兰德科学协会的主要关注点是改善河流状况并防止洪水泛滥，而泽兰科学协会的重点是如何加强该省的经济地位。泽兰科学协会针对如何提高城镇在国际贸易中的地位，或改善和增加农业产出提出了各种想法。根据阿诺·内勒（Arno Neele）的说法，这种对经济改善的痴迷是异乎寻常的，因为在18世纪，泽兰及其城镇已经发展得很好。经济需要改善的想法主要来自于泽兰不断与霍兰德攀比以及最终超越其北部邻省的愿望。[①] 1648年的《威斯特伐利亚合约》(Peace of Westphalia)仍然是泽兰集体记忆的一个痛点，因为它被视为对霍兰德至上的屈从。

绘制三角洲景观的动态

水务委员会和省对科学知识的积累也作出了贡献。在18世纪30年代，尼古拉斯·克鲁奎斯（Nicolaus Cruquius）受霍兰德省议会的委托，研究戈尔瑞海岸和马斯河河口的淤积和侵蚀过程，主要关注三个问题：（1）戈尔瑞岛沿海端即富劳卫海堤（Het Flaauwe Werk）处的海岸侵蚀和洪水风险的增加；（2）马斯河河口的淤塞，一个"狭长地带"（直接穿过河口的沙丘半岛）的形成；（3）戈尔瑞岛和欧文弗雷克岛之间的陆地连接（通过不断淤积的圆形沙洲实现）。

克鲁奎斯仔细记录并绘制了水的等深线、海滩的宽度和沙丘的高度，以及盐沼和泥滩的大小。通过定期重复测绘，他绘制了一幅关于水流、侵蚀和沉积的"动态"图，可以作为加强海岸、筑堤和加深水道等措施的基础。克鲁奎斯将他的观察结果与一百多年前制图师的观察结果进行了比较，并和自己在1706年的观察结果做了对比。他得出的结论是，海岸线已经发生

---

① Neele, 2011.

了惊人的变化,河口也越来越淤塞,并且这两个过程是相互关联的。河流逐渐将沉积物堆积在河口,海岸不再像过去几个世纪那样有沉积物堆积。因此,克鲁奎斯建议切断"狭长地带"以实现两个目标:加快河流排水以恢复海岸沉积,以及改善进入鹿特丹港的通道。但是,没有足够的资金或技术资源来执行该计划。克鲁奎斯的地图还包括一个连接戈尔瑞和欧文弗雷克的大坝的建议,这将促进淤积并为盐沼和泥滩的围垦和排干创造条件。

图3-4 由尼古拉斯·克鲁奎斯(Nicolaus Cruquius)于1733年绘制的从戈尔瑞到荷兰角的海岸和河口地图。图中显示了过去125年的海岸侵蚀,以及马斯河河口淤积的增加。该地图还显示了克鲁奎斯建议在戈尔瑞岛和欧文弗雷克岛之间建造的一座新大坝,以连接两个岛屿并加速大坝两侧沙洲的淤积

该地图被作为记录未来几年沿海景观变化的模板。1830年国家水务局工程师康拉德（F.W.Conrad）在克鲁奎斯的地图上用红色标记了戈尔瑞岛上富劳卫海堤处海岸线的变化。所发现的变化巨大，以致于促成了建造一系列滩头堡的决策。[①]克鲁奎斯和康拉德可以说是后来名为海岸形态学的先驱。（见图3-4）

国家土木工程师团

从拿破仑时代开始，特别是在荷兰成为一个统一的民族国家后，新技术的应用使得大规模干预三角洲系统成为可能。这个想法和计划自18世纪末被提出以来，极大地启发了法国在该领域的发展。1716年法国成立的"桥梁和公路工程兵团"旨在建立全国性的公路网，最重要的是促进法国首都巴黎和其他主要城镇之间便利的交通网络。该路网的工程师在新成立的法国国立路桥学院接受了培训。

1798年成立的国家水务局相当于荷兰的工程兵团。但是，与法国不同的是，荷兰的重点是水路而非陆路，这是制订和实施全国水管理计划的关键条件。[②]

该局的新工程师最初在布雷达的军事学院（1829年起被称为皇家军事学院）接受培训。除了技术知识外，该学院还将对未来的工程师进行军事纪律方面的培训，以便该局能按照军事机构的方式进行组织。[③]很快，这个纪律严谨并相互团结的组织名声大噪，但几乎与外界隔离。正如我们稍后将看到的那样，这种特征在后来的国家机构——公共工程及水管理局[④]

---

① Olivier (ed.), 2008.
② Bosch & Van der Ham, 1998.
③ Ten Horn-van Nispen et al. (eds), 1994.
④ Rijkswaterstaat前身是1798年成立的国家水务局，1848年更名为公共工程及水管理局，现在是荷兰基础设施和水管理部的一部分，主要负责建设、管理和维护河流、运河、防洪系统和圩田等主要基础设施。——译者注

（Rijkswaterstaat）中保留下来。

与许多其他西方国家一样，在19世纪中叶，军事和民用土木工程师各自扮演的角色在荷兰引发了争论。越来越多人认为，为促进国民经济和防洪而开展的工程与为确保国防而开展的工程需要不同的专业知识。但是，当时仍不太确定是否应把防洪责任以及对水管理工程师的培训交给土木工程师团。内战之后，在美国也发起了类似的辩论，最终美国陆军工程兵团（USACE）获胜。[①] 直到今天，美国的主要水利工程例如保护海岸和保持主要河流通航的职责仍然由其军事组织——美国陆军工程兵团承担。

拿破仑领导下的法国也经历了类似的发展过程。1794年，巴黎高等专科学校成立，为军事和民用目的培训国家级技术专家。法国国立路桥学校也是其中的一部分。路易斯·波拿巴国王（Louis Bonaparte）想在荷兰建立一所类似的学院。关于这类学院利弊的争论持续了数十年，各种科学社团和协会在其中发挥了关键作用。[②] 他们指出了这类学院在周边国家的成功，以及由于缺乏同等机构，荷兰的发展未能在贸易、运输和工业化方面与邻国保持同步。曾在拿破仑时代在法国任职，并拥有丰富国际经验的工程师安托万·利普肯斯（Antoine Lipkens）最终说服了威廉二世国王，1842年在代尔夫特成立了"皇家土木工程师培训学院"，以服务国民，促进工业和贸易学徒的发展。鉴于贸易与工程之间的紧密联系，该学院成为就职于东印度殖民地（现印度尼西亚）的工程师和军官的培训中心。但是，这种混合特性变得越来越不切实际，该学院在1864年变成了理工学院，从此以后仅培训土木工程师。这一变化主要是受到德国教育体系的启发，即在民办和军事学院以及技术和其他学术培训课程之间保持着严格的区分。[③] 1905年，该学院被授予学术地位，并更名为技术学院。

---

① Barry, 1997; O'Neill, 2006.
② Baudet, 1992.
③ Baudet, 1992.

最初,在该学院受训的工程师是纯粹的国家队,全部在荷兰公共工程及水管理局工作,主要处理水管理事务。1848年修改宪法后,各省和地方当局对水管理负有更大的责任,因此这些地方当局也雇用了许多工程师。随着铁路的出现和公路运输的重要性日益提高,工程师的任务大大扩展。这个领域(道路建设和相关的工程结构,例如桥梁和高架桥)在很大程度上成为荷兰公共工程及水管理局的责任。尽管权力下放和任务扩展,公共工程及水管理局长期以来仍然是荷兰土木工程的中心和精英部队。

改善河流

尽管荷兰西部已经历了两个世纪的城市化和经济发展,但其他地区却极度贫困。奥克·范德沃特(Auke van der Woud)和托马斯·罗森博姆(Thomas Rosenboom)等作家都详细描述了两个世界之间的差异。[①] "运河之王"威廉一世的目的是通过修建大量运河的方式为荷兰周边地区的新经济发展创造基础设施。然而,这些新运河并没有解决西南三角洲河口淤积的紧迫问题。该地区最初制定的许多项目中只有很少部分被执行。在超过四分之三世纪的时间里,为河口设计的项目可以分为三类:

第一类项目旨在维护和改善整个三角洲的运输路线,通常是通过跨岛挖掘新航道来实施,例如1830年穿过福尔讷(Voorne)的运河,以及康拉德1836年未实施的横跨戈尔瑞并与之连接的运河项目。[②] 此类项目的一个关键因素是如何保持三角洲外围较小的港口城镇(如布劳沃斯港、赫勒富茨劳斯、布里勒和济里克泽)作为鹿特丹外港的地位。

---

① Van der Woud, 2006; Rosenboom, 1999.
② Ten Horn-van Nispen et al. (eds), 1994.

　　第二类项目重点关注外三角洲城镇所具有的天然深水航道有利地位，并试图进一步发展它们并改善其与腹地的联系。米德尔堡商人德克·庄克斯（Dirk Dronkers）试图将荷兰主要海港的角色从阿姆斯特丹和鹿特丹转移到弗利辛恩。该项目得到了泽兰省的大力支持，荷兰首相约翰·托尔贝克（Johan Thorbecke）也对该项目给予好评。[①]霍兰德主要海港越来越难以通航，加上蒸汽火车和汽船的出现，似乎为泽兰的港口提供了新的机遇。在19世纪30至40年代，庄克斯制订了从弗利辛恩到德国的铁路连接以及从弗利辛恩到英国的汽船服务项目。与阿姆斯特丹和鹿特丹不同，弗利辛恩附近的水域很深，没有淤积问题。此外，还制订了一个扩大该港口的雄心勃勃的计划，目标是使其成为荷兰的主要海港。连接东、西斯海尔德的水道（斯洛运河和克里莱克运河）将被填埋，以便实施其他新港口和铁路项目。作为补偿，比利时要求在南贝弗兰岛上挖一条新运河，以维持安特卫普和鹿特丹之间良好的运输联系。在弗利辛恩，一个庞大的新港口综合体项目已经成形。

　　第三类项目是在"荷兰钩（角）"上挖一条新航道，以连接最大的港口鹿特丹和海洋，尽可能缩短航线。这类项目主要是由年轻的工程师皮特·卡兰德（Pieter Caland）制订的。他受雇于国家公共工程及水管理局，并于1857年成为董事会秘书，负责改善鹿特丹的海上航线。受克鲁奎斯一个多世纪前研究的启发，卡兰德采纳了克鲁奎斯的思想精髓，即在荷兰角挖掘一条穿越"把手"的河道。同时，他将之与改善至艾瑟尔河畔克林彭（Krimpen aan den Ijssel）整条河的措施结合起来。这将人为地稳定莱茵河和马斯河河口。这个项目在技术、政治和经济上颇具争议，并被视作"大冒险"。[②]（见图3-5）

①　Van der Woud, 2006.
②　Ten Horn-van Nispen et al. (eds), 1994.

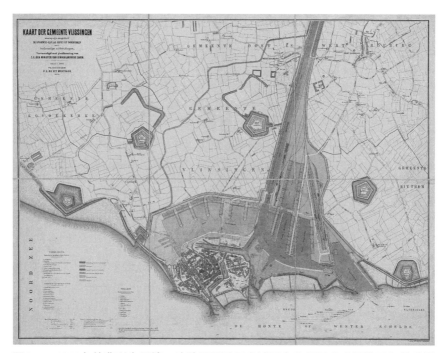

图3-5　1873年的弗利辛恩镇。该地图展示了老城区东北部已建成的港口和铁路设施，以及港口设施向西北扩展的计划，但该计划最终并未实施

大冒险：新沃特伟赫河和北海运河

最终的决策选择了第三类项目。尽管托尔贝克更支持将弗利辛恩发展为领先海港，并在中霍兰德附近建立一个新的经济中心，但支持鹿特丹和阿姆斯特丹港口企业家的海牙其他势力抵制了该项目。庄克斯在1839年提交的计划于1846年被授予执行许可，但是直到1873年铁路才真正建成。①

然而，扩建弗利辛恩港口的项目只实现了一小部分。随着斯海尔德造船厂的建立，弗利辛恩成为造船中心，而不是领先的海港。"弗利辛恩

---

① Neele, 2011.

项目"和铁路线建设带来了意想不到的影响。阿讷默伊登的港口淤积得更快,并且在耶尔瑟克(Yerseke)的东斯海尔德河新开发了牡蛎和贻贝养殖产业。克勒伊宁恩-耶尔瑟克(Kruiningen-Yerseke)新铁路线促进了养殖产业的发展。该铁路线最初是为了让火车乘客可以转乘轮渡跨过西斯海尔德河从克勒伊宁恩(Kruiningen)抵达佩克波尔德(Perkpolder)。[①]

卡兰德的项目不仅得到了鹿特丹港企业家的支持,而且得到了国家公共工程及水管理局和濒河地区的水务委员会的支持。然而,对于该项目是否可行仍存在着很大疑问。托尔贝克本人称其为"大冒险",因为不确定该项目是否会真正实现预定目标,是否值得进行巨额投资(1863年估计为630万荷兰盾,今天的金额超过6 500万欧元)。其一,这在技术上存在风险,因为不确定挖掘和挖泥设备是否能够胜任这项任务;其二,不确定建造"新沃特伟赫河"能否达到改善河水排放所预期的效果;其三,不确定该项目能否促进通往鹿特丹港口的运输,进而促进经济发展。批评家们反复提请托尔贝克注意所有这些不确定因素,但他坚持着一个信念:"我深切感受到,利用可拯救我们的资源是我的职责。"[②](见图3-6、图3-7)

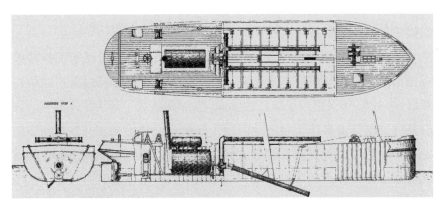

图3-6 第一类耙吸式挖泥船之一——亚当二世,1878年建于在小孩堤防的斯密特(J. and K. Smit)造船厂

---

① Van den Burg, 2015, pp.148 ff.

② 摘自Van de Ven, 2008, p.5。

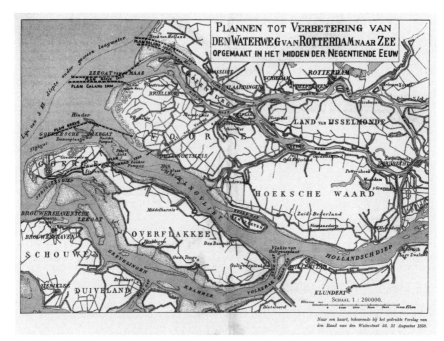

图3-7　19世纪中叶为改善通往鹿特丹港口的航道而进行的各种设计

　　新沃特伟赫河的挖掘工作在1871年完成后,一些迹象表明批评家们似乎是对的。这项冒险在所有三个方面都是失败的。可用的设备无法将航道疏通到所需的深度,新的河口很快又淤塞了。河水的排放没有任何改善,鹿特丹港口仍然像以往一样难以通航。经过多年的讨论和研究,1881年又进行了第二次尝试,加深和拓宽了新沃特伟赫河。该项目的关键是由多德雷赫特地区的一群企业家和挖掘者开发的新型挖泥船——耙吸式挖泥船。耙吸式挖泥船修正了传统挖泥船的缺点,其优势在于即使在大的涌浪中也可以运行,例如在开阔的河口处。该项目最终在1896年完成,改善了鹿特丹和艾瑟尔河畔克林彭之间的河流状况。项目总投资为3 630万荷兰盾(按今天的货币计算,不到4亿欧元),几乎是30年前预算金额的六倍。①但与其结果相比,鹿特丹港口的

――――――――――

　　① Ten Horn-van Nispen et al. (eds), 1994.

爆炸性增长比托尔贝克最初的大胆设想还要多,进出口货物量从1850年的74.6万吨增长到1938年的3 800万吨。此外,国际上对新挖泥技术的巨大需求极大地推动了荷兰疏浚公司的工作。荷兰一下子成为疏浚业的世界领导者。

这项新技术也被应用到新梅尔韦德河和贝赫马斯河的挖掘工程。作为国家计划的一部分,该项目旨在对荷兰的河流进行调节和运河化,改善河水的流量和通航能力。

同时,因为海船排水量的增加,阿姆斯特丹港口变得越来越难以通航,也越来越难以避开须德海的浅滩。最初,从登海尔德(Den Helder)到阿姆斯特丹的北霍兰德运河被用来改善海上通道,但是很快发现其通航能力不足。在卡兰德提出新沃特伟赫河计划的同时,阿姆斯特丹港口的企业家呼吁在阿姆斯特丹和北海之间建立直接联系。这个项目获得了政府部门的批准,却没有获得任何财政资助。政府部门不认为拟议的北海运河具有国家级重要性,因为它无助于排放河水。许可是基于私人投资的。修建运河将意味着填埋艾河的大部分河段,在两侧建造34千米的新堤,以及挖掘穿过沙丘的渠道。成本最终变得一发不可收拾,以至于国家只能同意承担该项目的财务担保,为巨额赤字买单。①

作为北海运河建设的一部分,在阿姆斯特丹东部的艾河建造了"橙色水闸",以保持运河和阿姆斯特丹港的恒定水位,使其免受潮汐运动的影响。

两条运河对阿姆斯特丹和鹿特丹与海洋的关系产生了截然不同的影响。尽管北海运河的建设意味着阿姆斯特丹不再受到海洋的影响,却使得鹿特丹受到的影响更大。更深的航道和更短的出海路线增加了河水的潮汐运动,在海洋风暴期,水位可能激增到更高,盐水会更深地渗入内陆。(见图3-8、图3-9)

---

① Van der Geest et al., 2008.

图3-8 贾普·吉丁（Jaap Gidding）制造的新沃特伟赫河立体模型，是1930年在安特卫普殖民国际展览会上为鹿特丹馆打造的

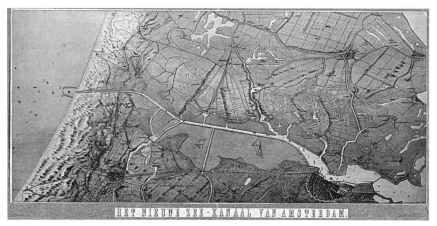

图3-9 1886年的北海运河与填埋的艾河（未划分的绿色地块）相交，绘图：奥滕（P. J. Otten）

鹿特丹的扩张和泽兰的收缩

新沃特伟赫河的开辟稳定了河口，一下解决了两个问题：河水更容易排入海中，海船也可以到达鹿特丹港口。[1]考虑到阿姆斯特丹的利益，北海运河的挖掘工作也在同时进行。[2]便利的水上交通带动了这两个港口及城市发展的大幅增长，特别是新沃特伟赫河带动了鹿特丹港口的爆炸性增长，鹿特丹几十年来一直是欧洲最大的港口。

① Ten Horn-van Nispen et al. (eds), 1994.
② Van de Ven, 2008.

除了航运和港口的大幅增长外,新沃特伟赫河的开辟还促进了鹿特丹市人口的大量增加以及随之而来的城市扩张。最初,这种增长表现在历史悠久的市中心的密集化和廉价工人住宅的大规模建设,例如老西区(Oude Westen)和克劳斯韦克(Crooswijk)。后来蔓延到"跨河"发展,在马斯河左岸开发了新港口和市区。密集的市中心变成了由贫民窟和小巷组合的迷宫,布鲁斯(W. J. Brusse)等编年史家和专栏作家、拉佛斯坦(L. van Ravesteyn)等城市历史学家、P. 鲍曼(P. Bouman)和W. 鲍曼(W. Bouman)等社会学家都对其进行了详细描述和谴责。[①]他们揭露了鹿特丹贫民区和小巷的悲惨境况,是疾病、苦难和霍乱反复发作的根源。奥克·范德沃特(Auke van der Woud)称这种状况为19世纪荷兰城市状态的典型特征,是"充满贫民窟的王国"。[②]这种日益严重的城市贫困问题逐渐引起了国内民众的关注。这些城市自身无法找到问题的对策和监督的适当措施,因此迫切需要依靠国家的干预。1901年,《住房法》最终获得通过,为公共住房提供了资金和拨款。地方政府的新扩张计划必须提交给更高级别政府获得批准。

"跨河"发展所涉及的新港口为提升运输规模以及离岸转运散装货物做好了准备。海船和驳船并排放置,因此散装货物(尤其是谷物)可以直接从一艘船转运到另一艘船。[③]与马斯河北岸不同,马斯河南岸的空间结构由小圩田单元组成,因此挖掘港口相对简单,也不会破坏整个堤防系统。莱茵河港口可以完全建在堤外,瓦尔河港口则可以灵活地嵌在一个圩田单元上,在很大程度上保留堤防。新的岸对岸连接刺激了南岸的城市发展。这些连接,例如威廉姆斯桥、铁路桥和马斯隧道,起初主要用于货运。

国王和政府试图发展周边省份以及中部省份,但在很大程度上受制于新沃特伟赫河项目。鹿特丹港的增长为从美国进口大量谷物提供了便利。美国的谷物比泽兰和南霍兰德群岛的谷物便宜很多。这也是它们的经济

---

① Brusse, 1921; Van Ravesteyn, 1924; Bouman & Bouman, 1955.
② Van der Woud, 2010.
③ Meyer, 1996.

发展在19世纪和20世纪初远远落后于中霍兰德地区的原因之一。①

尽管弗利辛恩的船运、耶尔瑟克的贻贝和牡蛎养殖为三角洲提供了新动力，西南三角洲的经济在18世纪仍开始放缓，不再逆转。布劳沃斯港和赫勒富茨劳斯等城镇失去了出口的作用。三角洲边缘城镇和三角洲城镇之间的差异越来越大。在此期间，泽兰省和南霍兰德省的岛屿越来越落后，主要的经济增长集中在中霍兰德。②

诚然，区域和地方一级的努力有目共睹。通过建立岛屿之间的轮渡路线和岛上的电车路线网络，改善了三角洲岛屿与城市和经济发展新中心之间的联系。这个新网络最初在促进岛屿的全面农业现代化方面发挥了关键作用。随着谷物价格下跌，农民转向种植甜菜，也对基础设施产生了新的需求。重载的甜菜车很容易陷入泥泞的道路，因此需要铺平道路，最重要的是要开辟将甜菜和土豆运到岛上港口的电车路线。③电车路线的开辟也促进了岛上旅游业的发展。

所有这些变化都加强了岛上城镇的等级结构。赫勒富茨劳斯、米德尔哈尼斯和济里克泽等城镇成为渡轮和电车网络的主要枢纽，并逐渐发展为区域中心。在这些地方，通过在港口旁或附近建立电车站，增强了港口在城镇布局中的重要性。随着岛屿西端海滩浴场文化的兴起，这些港口城镇成为主要的旅客集散中心。

然而，相对于周边地区的经济和城市增长而言，三角洲仍处于边缘地位。阿姆斯特丹、海牙和鹿特丹的画家，如皮特·蒙德里安（Piet Mondrian）、让·图洛普（Jan Toorop）和查理·图洛普（Charley Toorop）、费迪南德·哈特·尼伯里格（Ferdinand Hart Nibbrig）等，以多姆堡（Domburg）和韦斯特佩勒（Westkapelle）为例，描绘了三角洲作为外围地区欠发达且仍然保留原真村庄的形象。他们对沿海景观、异常的光线和云景以及当地

① Brusse & Van den Broeke, 2005.
② Brusse & Van den Broeke, 2005.
③ Priester, 1998.

并没有被现代生活所破坏的生活方式着迷。[①]作为民族意识的一部分，艺术家们对西南三角洲相对人迹罕至的岛屿的风景和文化的热情始于19世纪。皇家艺术学院和海牙画派的画家集体描绘和展示了荷兰领土上的各种文化和风景。他们认为这有助于增强集体意识，即所有这些景观和文化都属于一个民族的认同感。[②]

　　兰斯塔德的居民可以在泽兰或南霍兰德群岛的海滩上度过一个悠闲假期。这些充满异域风情的偏远地区让人们感到自己在环球旅行。作家内斯乔（Nescio）的《自然日记》（Natururdagboek）描述了在1950年左右他和他的家人如何在海滨度假胜地奥德多普（Ouddorp）度过了一个星期。从阿姆斯特丹乘火车、渡轮和电车的漫长旅程就像乌鸦飞行一样，只有90千米的路程花了将近两天的时间。[③]（见图3-10、图3-11）

图3-10　鹿特丹南部全景图，1904年由恩斯特·赫斯默特（Ernst Hesmert）绘制。完成新沃特伟赫河的开辟后，鹿特丹的港口沿马斯河的左岸迅速扩张，形成了一个半岛和码头群岛，现在被称为"南方之端"。背景是河右岸拥挤的老城区

---

① Krul, 2007; Van Vloten, 2011.
② Roenhorst, 2006.
③ Nescio, 1996.

图3-11 "泽兰的佐特兰德村"（Het Zeeuwse dorp Zoutelande），费迪南德·哈特·尼
    伯里格（Ferdinand Hart Nibbrig）绘制，1904年。时间似乎停滞不前，与城
    市中爆炸性的工业化和城市发展形成鲜明对比

第四章 建在安全三角洲的繁荣、平等国度

缩短的海岸线和拓展的新土地

在20世纪，对荷兰三角洲整个河流和沿海系统进行修补和操控的过程得到了进一步的发展和完善。拦河坝、码头和其他改善项目使河流系统看起来像是一台井井有条的机器，水流量可以精确地分配到各个河流分支中。海岸加固、水坝和风暴潮屏障确保了内陆不再受到海洋的威胁。

须德海工程和三角洲工程是这个发展过程中的两个重要的抵御对策。这些重大项目的目的不仅是提高整个国家领土的安全，而且是鼓励周边地区的一体化和经济发展，减轻对兰斯塔德的压力并增强荷兰领土的统一性。它们都成为现代荷兰民族国家和现代综合空间规划的展示。（见图4-1）

工业社会与规划的出现

须德海工程和三角洲工程以及荷兰民族国家的发展的目标之一是建立一个基于现代工农业经济基础上的社会。尽管对农业现代化的追求

图4-1　20世纪下半叶，在完成须德海工程和三角洲工程之后，荷兰采取的空间规划
　　　政策是，反对在西部地区进一步集中发展城市，转而着重于在全国范围内分
　　　配人口和经济活动。绘图：提克·鲍马

和现代工业的建设本身并不是荷兰的传统，但它确实在20世纪荷兰的经济和空间政策中发挥了巨大作用。这种发展模式源于多种因素。尽管在19世纪，在开发新的运河、铁路、公路以及电话和电报等联通基础设施方面投入了大量努力，[①]但荷兰在工业化和国民收入方面仍远远落后于邻国比利时、德国和英国。荷兰的城市中存在大面积的贫困，即使经济形势改善，这些贫困显然也不会消失。英国是一个例证。在19世纪，英国是世界上最富裕的国家，但也是贫困人口最多的国家。[②]第一次世界大战期间（荷兰保持中立），情况变得十分紧急，荷兰的农业无法维持其人口充足的粮食供应。因此，扩大农业和提高农业生产率成为国家政策的重中之重。第二次世界大战后情况甚至更糟，实际国民收入下降了40%，1948年的国债破纪录地达到国民收入的158%。印度尼西亚的独立截断了前荷兰东印度公司获得巨大殖民收入的途径。同时，荷兰的人口增长迅速，在1900年到1950年之间翻了一番，比其他西欧和北欧国家增长得都快，[③]是邻国比利时的四倍。除了积极的移民政策，农业生产率的进一步提高和大规模工业化项目被视为预防大规模贫困和使国家财政恢复平稳的最佳策略。农业和工业不仅要满足内需，而且要通过出口获得尽可能多的收入。

现代工业社会的发展促使人们越来越关注基于理性和可验证知识的科学。荷兰为启蒙传统的发展提供了肥沃的土壤。这种传统是对人们理解、影响和改变世界的能力的一种广泛共享的信仰，这种信仰"广泛共享"于科学、社会和政治、商业以及经济领域。乔纳森·以色列（Jonathan Israel）认为，启蒙运动最激进的形式在17世纪的荷兰蓬勃发展，笛卡尔（Descartes）是最著名和最主要的支持者。[④]笛卡尔的自然哲学思想在很大程度上是伽利略（Galileo）和开普勒（Kepler）这些哲学家和科学家思

---

① Van der Woud, 2006.
② De Rooy, 2014.
③ Schuyt & Taverne, 2000.
④ Israel, 2001.

想的延伸,后来在数学上得到牛顿的证实和进一步阐述。启蒙运动与现代科学之间的紧密联系使人们坚信"重塑世界"的可能性。[①] 蒸汽机的发明、电力的发现及其在工业大规模生产中的应用,以及大范围的铁路、公路、海洋和空中网络,确实在很大程度上重建了世界。更重要的是,现在看来这种重建可以依照计划进行。

20世纪发展起来的理性规划不仅适用于单个行业或网络(例如铁路系统),而且适用于整个社会的组织和发展。在整个生产过程中发展基于理性的规划,进而进行控制,成为一个特殊的科学分支主题。这个分支被称为"科学管理",它的创始人是弗雷德里克·泰勒(Frederick Taylor)。泰勒于1911年出版了以"科学管理"为书名的著作,颇具影响力。[②] 泰勒不仅关注工业生产的组织,而且认为应该以同样系统、合理的方式组织整个社会。[③] 在20世纪,泰勒主义思想充斥着西方社会。第一次世界大战后,亨利·福特(Henry Ford)引入传送带,从而实现了自动化,进一步发展了泰勒的思想。福特还强调,需要保证对公司产品的消费,以保证销售。福特主义是泰勒主义的重要补充,它认为政府的任务是通过协调工业消费和生产为现代工业社会的发展创造条件。这种协调最初主要发生在美国,新道路网和电网等基础设施的建设与汽车、冰箱和吸尘器等的扩大生产密切相关。[④] 北美的大规模郊区化同样也依赖政府的政策,在很大程度上受到协调生产和消费模式的假定需求的启发。[⑤]

然而,西方国家(尤其是荷兰)的政治辩论不仅仅在于为工业经济创造条件。在20世纪上半叶,知识分子越来越关注新出现的从众心理的不合理性。[⑥] 有人指出,许多人对失业和贫困作出了宽容的回应,另一些人则接受了诸如法西斯主义等激进的政治意识形态。顺从和激进主义这两

① Cohen, 2007.
② Taylor, 1911.
③ Visscher, 2002.
④ Goddard, 1994.
⑤ Wright, 1981; Hayden, 2003.
⑥ De Rooy, 2014, pp.212 ff.

种回应都被视为对社会构成威胁。应该建立一种全新的、注重生活"享受"和"意义"的社会。工作的组织方式应当激发思想而不是使之沉闷。应该有足够的休闲时间,不仅要消费,而且首先是要发展社会和文化,关注家庭,并有时间养育、教育、休闲和发展文化。对这样一个新社会的追求体现在一系列的运动中,包括政治[1]和经济改革、教育改革、公共卫生和社会保障制度的引入,以及人们生活和工作的物质环境的改革。住房和城乡环境由此成为议事日程的重点。

这些目标是被众多的改革运动推动的,以社会民主作为其综合性政治层面。许多其他协会,包括工会,则专注于特定问题。正如本章稍后所述,成立于1917年的荷兰住房和城市规划学会在荷兰的城乡发展中起到了关键作用。

在战后年代,追求社会、经济和空间改革成为大多数欧洲国家政策的范式。在这些国家,工业政策的发展伴随着社会保障体系的建设。经济和社会政策交织在一起的民族国家被称为"福利国家"。[2]荷兰福利国家的一个关键方面是社会住房,以1901年的《住房法》为基础。这为住房建设以及空间和城市规划之间的紧密协调创造了条件。[3]建筑业的工业化推动了城镇新区的理性结构。理性、有规划的全国住房建设保证了这个被工业化的行业的就业。

规划的国家建设

在20世纪,规划思想在水管理、空间规划、经济政策和社会文化发展领域继续传播。30年代的大萧条和大规模失业激发了这个想法,也帮助播下了第二次世界大战的种子。这场危机主要表现在整个社会的经济混

---

[1]　De Rooy, 2014.
[2]　Schuyt & Taverne, 2000.
[3]　De Liagre Böhl et al., 1981.

乱,但它也具有空间方面的影响:贫困、失业、犯罪,以及法西斯主义的兴起,主要是发生在城市中。

1935年,荷兰社会民主工人党(SDAP)和社会主义工会发起了他们的《劳工计划》,呼吁中央政府严格控制经济和就业。1934年,市议会通过了康乃利斯·范·伊斯特伦(Cornelis van Eesteren)的《阿姆斯特丹总体扩张计划》。这不仅是针对荷兰城市的前所未有的大规模扩张计划,而且也是第一次基于研究的城市计划,包含了经济发展、交通运输、景观和水管理。[①]主导这项城市研究的是西奥·范·罗威岑(Theo van Lohuizen)。

在战争年间,人们逐渐意识到,中央政府应在经济、社会和空间发展中发挥领导作用。1941年,在德国占领期间,荷兰中央政府成立了国家空间规划局。第二次世界大战刚结束,中央政府又于1945年9月成立了经济政策分析局,其任务是发展科学见解和知识,作为政府经济政策的基础,并于1947年通过了《采纳国家繁荣计划准备法》,确立了其合法地位。[②]1946年,荷兰社会科学研究所(ISONEVO)召开了一次会议。[③]会议的主题是一项"国家繁荣计划",其中涉及三个领域:经济、社会和空间发展。每个领域都被认为受到了严重干扰,迫切需要政府监管。会议还呼吁在三个领域之间进行密切协调。主要的议题是如何最好地组织这三个领域的规划,应该在一个政府办公室下设立三个规划局,还是由一个局负责这三个领域。最终,该法案只授予了经济政策分析局以法律地位,仍然由两个独立的部分别负责经济事务、重建和公共工程(后来的空间规划),每个部都有自己的规划局。成立于1952年的社会工作部主要负责社会发展,并且在没有规划局的情况下独立管理了相关工作很多年。荷兰社会研究所(SCP)直到1973年才成立。[④]

---

① Van der Valk, 1990.
② 《关于通过国家繁荣计划的筹备法》的解释性说明,1947。
③ Van Houten, 1999.
④ Van Houten, 1999.

国家空间规划

战后几十年的重点一直是加强新经济政策与新空间规划之间的紧密联系。在1870至1950年期间,新沃特伟赫河、北海运河、铁路和主要道路的建设极大地改变了霍兰德低地城镇的地位。须德海周围的城镇和西南三角洲的重要性迅速下降。得益于新沃特伟赫河和北海运河的建设,阿姆斯特丹和鹿特丹维持和扩大了其地位。铁路和高速公路改善了与海牙和哈勒姆沿海城市以及与乌特勒支的联系。在20世纪,中霍兰德和乌特勒支的城镇网络被称为兰斯塔德(意译为"边缘城市",因为它的形状类似于盘子的边缘)。从多德雷赫特经过阿姆斯特丹到乌特勒支的地区由马蹄形的城镇组成,围绕着几乎没有城市化的农业景观,被称为"绿心"。为阿姆斯特丹建设的史基浦机场和为鹿特丹建设的泽斯蒂安霍芬(Zestienhoven)机场强化了兰斯塔德的中心地位。

长期以来,城市和社会经济规划师、建筑师和住房专家一直非常关注兰斯塔德的城市发展。1924年,新成立的荷兰住房和城市规划学会在阿姆斯特丹举办了国际住房和城市规划国际会议。作为一个论坛,这次会议提供了与其他国家的同行讨论荷兰城市和城镇发展的机会。[①]人们普遍认为,19世纪城市贫民窟的大规模贫困仍然难以克服,而且城市不受控的增长可能导致贫困问题回到19世纪的困境,甚至更糟。由于城市难以完成任务,区域和国家对城市发展的控制被认为是必要的。与此密切相关的是由教师雅克·赛斯(Jac. P. Thijsse)领导的一场保护和体验景观的运动。他于1905年帮助创立了荷兰自然保护协会(Vereniging Natuurmonumenten)。在城市扩张过程中,城乡之间实现适当的平衡逐渐成为关注的重点。

---

① Wagenaar, 2011, pp.265 ff.

国家空间规划局也采取了类似的做法,在20世纪50年代成立了一个委员会,为1980年前的西荷兰发展制定规划。根据委员会的最终报告,"兰斯塔德可以发展成为一个分散的大都市,具有典型的荷兰特色,同时避免一些国外大都市的弊病"。[1]为了实现这个目标,西部城市必须保持小规模。严格维护绿心和兰斯塔德市区之间的绿色区域将阻止它们进一步发展。新的城市增长首先应在兰斯塔德之外,与北部、东部和南部地区的新经济增长相连。尽管将兰斯塔德定义为经济和空间发展的中心和动力,但它必须与荷兰其他地区建立新的平衡。各个区域之间的良好联通将使得中心和外围之间实现这种平衡。建立水坝、堤防和围垦地这些新基础设施以及新的城镇和道路将完全对准此目标。这将带动那些规模不大、由较小单元(区和街区)组成、具有识别度且与景观融为一体的城镇的发展。

建设新的国家水基础设施不仅对水管理、海港经济和农业具有重要意义,而且对综合的空间规划政策,以及作为一个单一空间和概念单元的国家形象作出了重要贡献。

Ⅰ 须德海工程:第一个"综合规划"的实验

把须德海(字面意思是"南海")与北海隔开并排干全部或部分水,这个想法可以追溯到17世纪,当时亨德里克·史蒂文(Hendrik Stevin)计划沿着北海岸的瓦登群岛链建造堤防。然而,工程、组织和财务问题使得该计划被搁浅。然而,到了19世纪,很明显这些工程问题在原则上是可以解决的。比如,在1852年,通过三个蒸汽泵站实现了阿姆斯特丹附

---

① Nota Westen des Lands, 1958.

近哈勒默梅尔湖（Haarlemmermeer lake）的排水——一项至今仍被认为不可能完成的任务。从那时起，人们就须德海的封闭和部分排水提出了各种建议。其利益包括：降低滨水城市（尤其是阿姆斯特丹）、城镇、村庄和农村地区的洪水风险，通过大面积的围垦创造新的农业用地，以及加强艾瑟尔河（荷兰东部）和北海沿岸城镇之间航运路线的安全性。

人们对围垦新土地带来的经济利益寄予厚望。在17和19世纪，霍兰德的统治精英从贝姆斯特尔湖和哈勒默梅尔湖等湖泊的围垦中赚了很多钱。[1]排干须德海新生土地所产生的利润显然会比早期圩田的收益高出许多倍。同时，欧洲城市人口的快速增长，加上旧农业地区的贫困状况以及大量歉收，确保了农产品广阔的市场。

然而，封闭须德海的计划直到四分之三个世纪后才得以实施。须德海协会成立于1886年，主要由国民议会的现任或前任议员以及须德海周围的各省省议员组成。[2]该协会委托年轻的工程师康奈利斯·莱利（Cornelis Lely）制定技术上和财务上可行的计划。莱利于1891年提出了须德海的封闭和排水计划，但是直到25年后也就是1916年，在他第三次担任交通、公共工程及水管理部部长时才最终将该计划纳入立法。[3]（见图4-2、图4-3、图4-4）

争取公众对该项目的支持绝非易事。较小的贸易城镇尤其是须德海沿岸捕鱼社区民众看到自己的生计遭到威胁，在数年内反对这个项目。[4]在荷兰议会中占多数的新教派捍卫了当地选民的利益，并在很长一段时间内推迟了莱利及其同事的计划。起初，改善防洪并不是莱利或须德海协会的主要目标。[5]他们寄希望于该计划将有助于实现农业现代化，并为整个须德海地区提供经济和文化动力。因此他们主张封闭和围垦较为落后的外围地区。随着北海运河和阿姆斯特丹火车主站的建设，阿姆斯

---

① Reh, Steenbergen & Aten, 2007.
② Cleintuar, 1982; Pollmann 2006.
③ Van der Ham, 2007.
④ Sintobin, 2008.
⑤ De Pater, 2008 b.

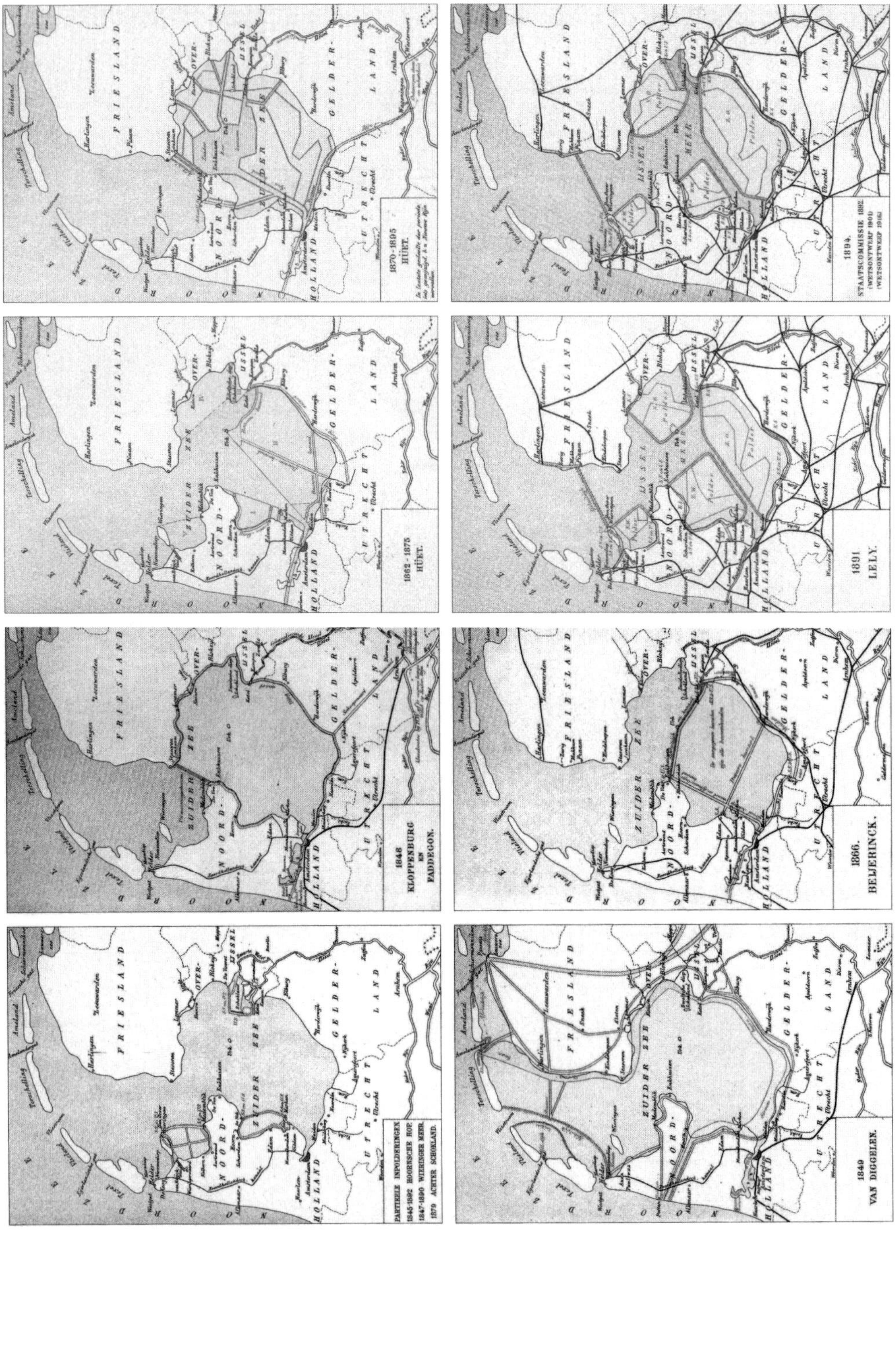

图4-2 在1840年至1900年间对须德海进行筑坝和围垦的设计。下排，右二：莱利1891年的设计（另见图4-4），这是委员会1884年计划的基础

图4-3　康奈利斯·莱利
（Cornelis Lely）受须德海
协会委托于1891年为封
闭和部分围垦须德海所
做的设计

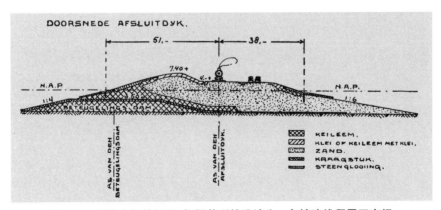

图4-4　拦海大坝的剖面，根据莱利的设计为一条铁路线留置了空间

特丹与其他较小的须德海城镇之间的反差越来越大。当阿姆斯特丹成为
一个生机勃勃的现代大都市时，须德海镇就像是来自历史的古董。1883
年，国际殖民与出口博览会在现在的阿姆斯特丹博物馆广场举行。会议
组织参观了附近的马肯（Marken）和福伦丹（Volendam），那些专门来阿姆
斯特丹参观最新技术和工业创造力的游客由此有机会在生活似乎停滞了
数百年的小渔镇闲逛。[①]须德海渔业的相对经济重要性和围垦地的潜在
农业价值之间的观点分歧很大。1914年，著名的环保主义代表雅克·赛
斯呼吁保留须德海，因为这是世界上最富饶的渔场之一。相反，须德海
协会声称，渔业每年仅产生200万荷兰盾的效益，只雇用了数千名渔民，
而新生土地的农业产量估计为每年7 000万荷兰盾（按今天的价值约为
7 500万欧元），并可以为约25万人提供就业机会。[②]

　　阿夫鲁戴克拦海大坝（Afsluitdijk）修建的初衷并非为了提高防洪能
力，而是为了使新圩田的建造更容易，也更省钱。[③]此外，还可以在北部
的弗里斯兰省和格罗宁根省（Groningen）之间建立更好的联系，以及联通
全国的公路和铁路网。大坝的第一轮设计包括一条联通阿姆斯特丹和弗
里斯兰省省会吕伐登（Leeuwarden）的铁路线。除了新生土地的经济意
义外，如此庞大的公共工程为国家建设和集体民族意识作出了重大贡献。
天主教政治家赫尔曼·索普曼（Herman Schaepman）在1897年提到：

　　"一个国家必须在不考虑成本的情况下不失时机地着手开展大型项
目。重大任务往往可以极大地增强民族的自信，激励人们满怀激情地去
建设……激情传承给一个种族的后代，这个种族不仅靠海军上将，而且靠
工程师征服了大海。"[④]

　　最终，第一次世界大战期间出现的食品供应问题，以及1916年的洪
灾，成为莱利计划获得议会多数派支持的决定性因素。实际上，1916年

---

① De Pater, 2008 a.
② De Pater, 2008 a.
③ Kamp, 1937.
④ 摘自 Zuiderzee-Vereeniging, 1906, p.46。

的洪水颇具争议,有人认为洪水的严峻形势被极端夸大,以影响公众舆论并说服最后的怀疑主义者。[①]

尽管将须德海工程的规划任务交给负责水管理的机构——公共工程及水管理局(Rijkswaterstaat)似乎是不言而喻的,最终的决定却出人意料。公共工程及水管理局已经变成一个越来越自治的组织,被认为是繁琐的官僚机构,几乎没有创新的空间。[②]在任职期间,莱利试图重组该机构,但无济于事。他不相信该局能够承担诸如须德海工程这样的大型风险项目,于是成立了两个临时的新机构:一个是须德海工程部,负责大坝基础设施和新圩田的排水;另一个是维灵厄梅尔圩田(Wieringermeer)理事会,后改名为艾瑟尔湖(Ijsselmeer)国家圩田局,负责圩田的设计和组织。多年以来,这两个机构无法有效地分配工作和实施协作,因此在20世纪50年代和60年代围垦弗莱福兰(Flevoland)东部和南部的圩田时造成了特别严重的问题。关于这点,我们稍后再进行讨论。

之后设立了由四个承包商组成的联合企业——须德海工程建设公司MUZ(Zuiderzee Works Construction Company),在"执行董事"的监督下建造大坝并围垦圩田。"执行董事"与部长直接联系,其任务是确保承包商以最低的成本完成工作。当时的执行董事是公共工程及水管理局的工程总监约翰·林格斯(Johan Ringers)。林格斯为各种水利项目提出了创造性的解决方案,并且同莱利等人一样,他非常讨厌公共工程及水管理局的繁琐官僚作风。[③]

新的科学动力

须德海工程是荷兰新的经济、社会和空间规划的实验场,却没有

---

① Beyen, 2008.
② Pollmann, 2006.
③ Pollmann, 2006.

试错的余地。新的拦海大坝必须完全安全，并且不能在其他地方造成洪水。这是各机构，尤其是弗里斯兰省和格罗宁根省议会以及水务委员会极为关注的问题。在1916年的风暴潮中，瓦登海汹涌的潮水几乎到达了堤防的顶部。如果将须德海封闭起来，它将无法再吸收瓦登海多余的水；北部两个省担心这可能导致更高的水位，从而增加洪水风险。他们认为，修建大坝只会将问题转移到其他地方。公共工程及水管理局的工程师使用久经考验的方法试图证明情况不会那么糟。极端水位通常使用"神入"方法（主要基于直觉、经验和常识）或粗略估计得出，然后在施工时或完工后做些调整。[①] 然而，对于须德海来说，这种方法被认为风险太大且不确定，也没有任何经验封闭这种尺度的潮汐入口。1918年，政府邀请莱顿物理学教授、1902年诺贝尔物理学奖获得者亨德里克·洛伦兹（Hendrik Lorentz）出谋划策。他和团队花了八年时间致力于这项研究，发明了一种基于流体动力学的新方法，用于计算风暴潮期间可能的水位。19世纪下半叶，洛伦兹基于英国物理学家开尔文勋爵（Lord Kelvin）的发现，开发了一种计算方法和测量仪器，用于计算潮汐运动下英美海港的潮水量。当时，拦海大坝的建设已全面展开。洛伦兹的计算表明，按照原定计划完成堤防，并在弗里斯兰的皮亚姆村（Piaam）东部与内陆连接，将导致弗里斯兰沿海水位非常高。省议会的担忧并非毫无依据。但是，洛伦兹还计算了另一条堤防路线，向北一直延伸至苏黎世村，这样弗里斯兰和格罗宁根沿海的水位将大大降低。1926年，根据这些计算结果最终决定将拦海大坝的弗里斯兰端向北移。[②]

洛伦兹的成就是水利工程科学方法迈出的重要一步。他的方法在西南三角洲得到了进一步的改善和应用，并在三角洲计划的准备和实施中发挥了关键作用。

---

① Van den Ende & Ten Horn-van Nispen, 1994.
② Van den Ende & Ten Horn-van Nispen, 1994.

在新圩田中的城镇和景观：城市和农业的雄心

须德海工程在许多方面都是实验场，包括工程技术、农业政策、国家空间规划和社会文化规划。拦海大坝不仅将前须德海与公海隔离开来，而且在荷兰的西部和北部之间创造了新的纽带。设计时为高速公路和铁路线留下了空间，但是这个想法最终因为财务问题而被迫取消。

跨越新圩田的道路衔接了分散的国家领土。圩田使农田面积增加了1 650平方千米，同时，划分的大地块和新农业技术的应用使它们成为现代高效农业的实验场和典范。在这片新土地上耕作的农民是经过精心挑选的，为荷兰农民树立了榜样，这不仅表现在生产力上，而且在家庭结构、生活方式和社区意识上也是如此。[1]

新圩田也是区域空间规划的重要实验场。各种规模的城镇和村庄分层排列。在建筑和城市规划领域中的两个对立流派（代尔夫特学院的"传统主义者"和"现代主义者"）都有机会提出关于新城市住区的设想，并将其付诸实践。[2]（见图4-5）

但是，须德海工程部与艾瑟尔湖国家圩田局之间关于圩田最终设计的冲突越来越大。最初看起来像是两个相互竞争的官僚机构之间的斗争，实际上根本分歧是关于须德海工程作为国家项目的意义。最初的两个圩田是西部的维灵厄梅尔圩田（Wieringermeer）和东部的东北圩田（Noordoostpolder），它们的目标是最大限度提高农业效率。新土地的设计以及新定居点的位置、规模和形式都是为了实现这个目标。在这两个圩田中，新市镇和村庄主要被视为为农民和农场工人提供设施和住房的地方。

---

[1] Bosma & Andela, 1983; Vriend, 2012.
[2] Van der Wal, 1997; Hemel, 1994.

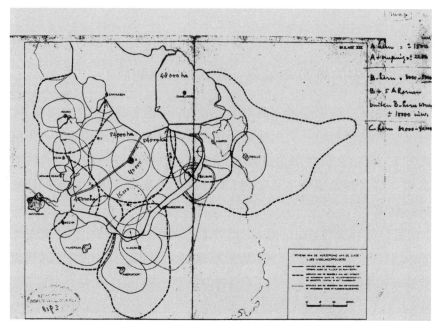

图4-5 艾瑟尔湖圩田的定居点及其周围地区的布局。特克斯(C.A.P.Takes),绘制于
1948年

　　然而,弗莱福兰的东部和南部圩田不仅比前两个圩田大得多,而且
更靠近人口稠密的荷兰西部。新圩田的建设引发了争论,导致了两个机
构的严重分歧。[①]须德海工程部认为,新圩田的排水创造了一个全新的
国家领土区域,应成为其他地区的榜样,因此应拥有自己的榜样省会城
市。该城市应该不单单是一个地区性农业中心,相反,它应该体现兰斯塔
德对外发展的新设想,并成为现代荷兰城市社会的典范。新的省会城市
应该位于新圩田的中心,在东弗莱福兰(首先建设的圩田)和马克华德圩
田(Markerwaard,尚未被围垦的圩田)之间的海湾上。然而,艾瑟尔湖国
家圩田局坚持认为,圩田的主要目的应该是为荷兰提供更多的农业用地。
这两个新圩田的中心城镇应该是一个区域性农业中心,就像东北圩田中
的埃默洛尔德(Emmeloord)一样,它应该位于内陆而不是在水边。

---

　　① Hemel, 1994.

另一个隐约显现的冲突是关于景观设计。早前在1924年的国际城镇规划会议上,荷兰住房和城市规划研究所就发出警告,即比泽兰大的新地区的兴起会是"无可容忍的乏味",呈现出一片"无尽广阔"的"荒凉"。该研究所呼吁在新圩田上开展精心构思且有吸引力的景观设计。[①]除了服务于农业目的,设计还应满足城市居民日益增长的休闲需求。令人失望的是,第一批圩田的设计师忽略了这种吸引力需求。由于20世纪30年代的大萧条,整个设计的重点一直是如何将圩田发展成农田。

在20世纪20和30年代,许多保护主义者和遗产爱好者极为关注由于工业化和城市规划而导致的文化景观的消失。1932年,他们成立了自然与景观保护联络委员会,[②]将新圩田判定为"文化草原"和"农业荒地"。[③]委员会呼吁政府参与进一步规划圩田的设计,并且在战争期间和之后得到了新国家空间规划局和西荷兰工作组的支持。

在关于弗莱福兰新圩田的城市和农村地区设计的讨论中,阿姆斯特丹城市规划部负责人康乃利斯·范·伊斯特伦发挥了关键作用。范·伊斯特伦最初以1934年的《阿姆斯特丹总体扩张计划》闻名,被认为是现代荷兰城市规划的代表人物。他于1948年成为代尔夫特理工大学第一位城市规划教授,并在1949年被任命为须德海工程部城市规划顾问。在接下来的十五年中,他深入参与了新城镇的定位和设计,尤其是省会城市莱利斯塔德(Lelystad)。范·伊斯特伦为这个海湾城镇设计了几种发展方案,强调它不会仅仅发展成为一个农业供应中心。[④]

设计还考虑了创建一个中等规模的港口,以及一个城镇居民可以休闲的滨水区。范·伊斯特伦和他的雇主须德海工程部为莱利斯塔德制订的计划并不局限在一个农业供应中心,而是描绘了一个拥有十万居民并具有广泛社会和行政职能的工业城市。[⑤]这将使其成为凭借国家力量推

[①]　Hudig et al., 1928.
[②]　1972年,自然与景观保护联络委员会成为自然与环境基金会的一部分。
[③]　Frieling, 2004, p.14.
[④]　Hemel, 1994.
[⑤]　Hemel, 1994, p.245.

动兰斯塔德向外拓展的模型和先锋。莱利斯塔德的设计遵循了范·伊斯特伦在西阿姆斯特丹新区的设计原则:建筑布局合理,贯穿市中心的一条大型绿轴朝向海湾,并通过主要道路与马克华德圩田上的水闸和堤防相连。

范·伊斯特伦为这座新城市在位于莱利斯塔德和恩克赫伊曾(Enkhuizen)之间的马克华德设计了一个新自然保护区和休闲区,即恩克赫伊曾沙滩(Enkhuizerzand)。老沙洲不太适合农业发展,新自然保护区将大大提高圩田上居民的生活品质。这也再次表明,圩田不应该仅仅是农业景观。(见图4-6)

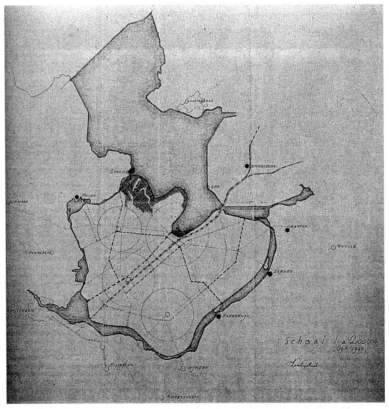

图4-6　康乃利斯·范·伊斯特伦于1949年绘制的南部艾瑟尔湖圩田的设计草图,海湾上有莱利斯塔德以及恩克赫伊曾沙滩自然保护区

这些计划是对艾瑟尔湖国家圩田局提出的反对,后者坚持将圩田作为主要农业区。艾瑟尔湖国家圩田局认为任何添加或更改都会破坏农业功能。范·伊斯特伦不得不绝望地放弃了自己的提议,并于1964年辞职。最终,莱利斯塔德成为新弗莱福兰省的省会城市,到2014年人口增长到七万六千多,远远超过了艾瑟尔湖国家圩田局的预期。但是,这与范·伊斯特伦和须德海工程部设想的并不同,它没能成为海湾上拥有十万居民的辉煌新城。

1965年,萨姆·范·恩伯登(Sam van Embden)接受委托,为莱利斯塔德做一个新设计。[①]最终的方案并未实现面朝海湾,这个城镇也没有成为现代荷兰的社会典范。乔里斯·范·卡斯特伦(Joris van Casteren)的著作《莱利斯塔德》用嘲讽的态度描述了他在莱利斯塔德的青年时代,在他的周围是古怪的理想主义者、现实社会的逃避者和小罪犯组合成的一个社会。[②]莱利斯塔德的工业地块从未蓬勃发展,多年以来这些空地已变得树木丛生。现在,东法尔德斯普拉森(Oostvaardersplassen)湖区变成了荷兰最大的野生动植物保护区。

海湾以原始形式开发。须德海工程部在马克华德圩田边界建造了堤防——豪特里布大堤(Houtribdijk)。成功的现代化模式使荷兰农业承受了日益增长的过剩风险。农业政策逐渐趋于国际化。西科·曼绍尔特(Sicco Mansholt)在20世纪50年代早期大力倡导并实施了现代国家农业政策。1958年,时任荷兰农业部部长的曼绍尔特成为欧洲委员会农业委员,支持实施欧洲农业政策。在农业利益国际协调的这个阶段,人们对马克华德圩田的意义提出了质疑。环境保护主义者和水上运动的从业者也提出了同样的问题,并于1972年成立了艾瑟尔湖保护协会(VBIJ)。1974年,政府决定在《空间规划法》中加入"关键规划决策"流程,马克华德是进入该流程的第一个主题。针对该地区提出了各种更新计划,包括建设机场,但都没有实现。2003年,马克华德圩田

① Van Geest, 1996.
② Van Casteren, 2008.

被正式废弃,但至今仍未明确将把豪特里布大堤和未被围垦的马肯湖(Markermeer)用做什么。

这一切意味着莱利斯塔德不会占据艾瑟尔湖圩田的中心地位,甚至不能成为最大的城市。阿尔梅勒村从20世纪70年代后期开始迅速扩张,1966年的《空间规划第二政策文件》将其指定为缓解人口过剩的城镇,以满足阿姆斯特丹地区的住房需求。阿尔梅勒成为欧洲最大的"新城",到2015年拥有十九万五千名居民,面积超过莱利斯塔德的2.5倍,成为荷兰第八大城市。

Ⅱ 三角洲计划:从地方利益到国家利益

水利前奏:三角洲法案和三角洲工程

优先封闭须德海而不是西南三角洲的入海口是由于须德海对于包括阿姆斯特丹在内的许多城镇有直接威胁。封闭须德海也可以为大规模土地开垦创造机会,所获利润可以用作工程的建设资金,同时为新的现代化荷兰树立典范。作为一个人口相对较少且主要是农业的地区,封闭西南三角洲最初被认为没什么用处,且没什么利益回报。1953年的洪灾致使1 800多名受害者丧生,大片地区被淹没了数月,无疑是一场重大灾难。然而,泽兰省和南霍兰德省的民众并不全都相信封闭入海口会提供最有力的洪水保护屏障。主要反对的声音来自渔民团体,他们主张加固现有的堤防。最终,防洪的需要以及新经济和空间发展的机遇使这些怀疑主义者考虑是否需要进行庞大的三角洲工程。而且,与须德海工程本身的意义相比,国家建设感和民族自豪感起到了更加重要的作用。

新经济和空间发展的前景不仅基于希望,而且还基于须德海工程的

科学计算。这是新成立的经济政策分析局的第一个重大计划，可以证明
其作为科学机构的价值。

新的科学方法被扩展应用到水利工程领域。洛伦兹介入拦海大坝的
建设后开展了对海岸形态、沉积物迁移和波浪上升的研究。1929年，须
德海工程执行董事约翰·林格斯被任命为公共工程及水管理局局长，负
责彻底重组和现代化该机构。他的第一个行动是成立了研究入海口、下
游河流和海岸的部门，以获得有关西南三角洲和沿海地区洋流和沙洲动
态的知识。该部门获得了拥有大量测量设备的"海洋号"（De Oceaan）水
文船。

年轻的水利工程师约翰·范文（Johan van Veen）在新部门中发挥了
关键作用。[1]20世纪30年代初期，范文凭借研究在戈尔瑞-欧文弗雷克
岛和大陆的布拉班特省（Brabant）之间"地狱之洞"（Hellegat）入海口不
可预测的航道和沙岸的动态而名声大噪。他发现该地区的航道每年都发
生变化，这是航运的主要威胁。和之前的克鲁奎斯和卡兰德一样，范文
通过仔细研究各种关于"地狱之洞"水深的历史地图，初步绘制出航道的
变化图，并基于对航道动态的深入了解设计了一个可以稳定航道的防波
堤。[2]尽管仍存在争议，该计划得以实施并证明是有效的。这使范文在
有关三角洲未来的讨论中拥有了极大的权威。之后他花了很多年研究海
床形态、沙粒运输、波浪上升和海岸侵蚀之间的关系，并在1936年的博士
学位论文中将这些发现整合在一起。该论文证实了西南三角洲各水务
委员会和环堤委员会对该地区洪水屏障堪忧的担心和恐惧。（见图4-7、
图4-8）

多德雷赫特的形势尤其令人震惊。1916年的风暴潮推动了建造须
德海工程的决定。风暴潮期间，洪水漫过了多德雷赫特岛周围的堤防。
幸运的是，风暴潮与春季大潮并未同时发生，否则会给多德雷赫特带来灾
难性的后果，受害人数会比1916年的须德海地区多得多。

---

① 　Van der Ham, 2003.
② 　Van Veen, 1929.

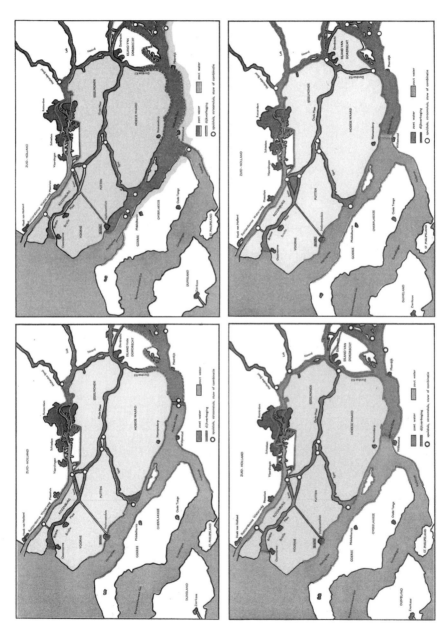

图 4-7 西南三角洲的五岛计划 (右下图) 以及范文和风暴潮委员会在 1942 至 1952 年间研究的四岛计划

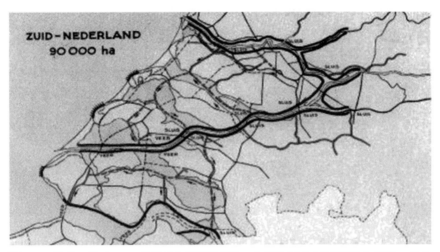

图4-8 约翰·范文1942年的《大淤积计划》。大部分河水通过新堤之间的一条水道经由荷兰角、沃尔克拉克河和东斯海尔德河排出。这将最终导致入海口淤积,之后可能在其上筑堤

范文制订了一些计划,以保障多德雷赫特岛的安全。但是他逐渐认识到,只有在泽兰省和南霍兰德省所有的三角洲岛屿都参与进来之后,才能为多德雷赫特找到持久的解决方案。这个观点得到越来越多的水利工程师的支持,其中包括皮特·威迈尔斯菲尔德(Pieter Wemelsfelder)。1939年,威迈尔斯菲尔德在技术杂志《工程师》(De Ingenieur)上发表了一篇文章,揭示了风暴潮的频率与水位之间的数据联系,并指出泽兰水域的堤防将无法承受强大的风暴潮,虽然这种情况发生的概率很小。[1]针对这些发现,于1939年成立了风暴潮委员会,由范文担任秘书,负责进一步分析西南三角洲的洪水风险,并提出可能的解决方案。第二次世界大战期间及之后,风暴潮委员会针对如何更好地保护鹿特丹以南和多德雷赫特岛免受洪水侵袭开展了研究,并拟定了多个版本的"四岛计划"和"五岛计划",从而沿着罗曾堡岛(Rozenburg)、福尔讷–皮滕岛(Voorne-Putten)、艾瑟尔蒙德岛(IJsselmonde)和霍克斯岛(Hoeksche Waard),乃

---

① Wemelsfelder, 1939.

至多德雷赫特岛,筑环形堤防。

但是,范文一直在寻找解决问题的根本方案。他坚信必须为莱茵河开辟一个新河口,这是克鲁奎斯和卡兰德观点的延伸,他们认为莱茵河河口向南移动是一种自然趋势。卡兰德曾试图通过开辟新沃特伟赫河阻止这种趋势,人为地稳定荷兰角的河口,但范文建议顺应莱茵河向南迁移的趋势,为西南三角洲的莱茵河、马斯河和斯海尔德河开辟一个新河口。莱茵河和马斯河的主要航道将穿过多德雷赫特岛的南部,并通过东斯海尔德河汇入大海。新沃特伟赫河和西斯海尔德河之间的其他入海口将不再重要,最终会自行淤塞,为围垦创造条件。范文将此设计称为"大淤积计划"(Groot Verlandingsplan),希望为西南三角洲带来大规模土地开垦的机会,类似于艾瑟尔湖圩田。范文的想法吸引了新成立的国家空间规划局局长弗里斯·巴克·舒特(Frits Bakker Schut)的注意。1942年,内政部和水管理部成立了一个土地开垦委员会,由范文担任秘书。然而,仍然未知他的计划会如何影响鹿特丹港口的未来,因为新沃特伟赫河不再是主要的水路,也不再是通往港口的水道。

战争期间出现了一些该计划的替代版本,例如南霍兰德省水管理部的工程师德吕克(A.H. de Leeuwkerk)的 Luctor et Emergo 计划。德吕克建议保持新沃特伟赫河河口和西斯海尔德河口,并封闭它们之间的所有入海口。莱茵河和马斯河的部分河水可以通过一条新的水道排入西斯海尔德河,也为鹿特丹和安特卫普之间的航运提供便利。范文强烈反对该计划,他认为该计划只有在所有入海口被同时封闭的情况下才能实施,这是不现实的。[①]

尽管对于如何封闭西南三角洲的入海口尚未达成共识,但人们认为三角洲的新防洪系统不仅可以改善防洪能力,而且可以产生新的经济效益。

面对1943年的一场风暴潮侵袭,许多堤防只能勉强抵御,因此迫切需要大幅改善西南三角洲的防洪措施。原先五岛计划的第一部分在战后

---

① Van Veen, 1945.

的几年内得以实施。淤积的布里斯马斯河（Brielse Maas）和泽兰法兰德斯的布拉克曼河（Braakman）被大坝封闭了。这为研究三角洲中潮汐流的运动机制提供了大量经验和实践知识。

民族的艺术：《疏浚、排水及围垦》

公共工程及水管理局与各省水管理部门的工程师在如何管理三角洲上存在很大的意见分歧，因此多年来范文只能作为一个旁观者。[①]他在这段时间里撰写了《疏浚、排水及围垦：民族的艺术》一书，第一版于1948年问世，早于1953年的洪灾。他的前上司约翰·林格斯鼓励他写这本书。林格斯在战后担任重建和公共工程部部长，努力寻求有关荷兰及其人民积极的、令人鼓舞的成功故事，以激发民族自豪感并激励人们着手开展重建。这种民族自豪感由于之前德国的占领和随后前殖民地荷兰东印度群岛的丧失而受到严重打击。作为公共工程及水管理局的前负责人，林格斯意识到荷兰在土地开垦、排水和防洪方面的实践提供了丰富的故事素材，能有助于西南三角洲新水利工程的建设。他认为由他的前雇员约翰·范文讲述这个故事再合适不过。（见图4—9、图4—10、图4—11、图4—12、图4—13、彩图7、彩图8）

图4—9　约翰·范文1948年的《疏浚、排水及围垦》的封面

---

① 　Van der Ham, 2003, pp.145 ff.

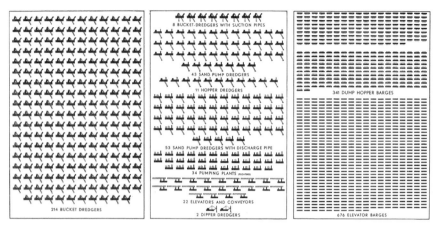

图4-10　荷兰挖泥船队的规模。引自范文1948年的《疏浚、排水及围垦》

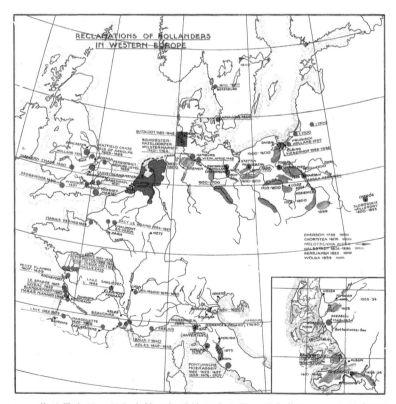

图4-11　荷兰是水利工程和水管理领域的强大力量。引自范文1948年的《疏浚、排
　　　　水及围垦》

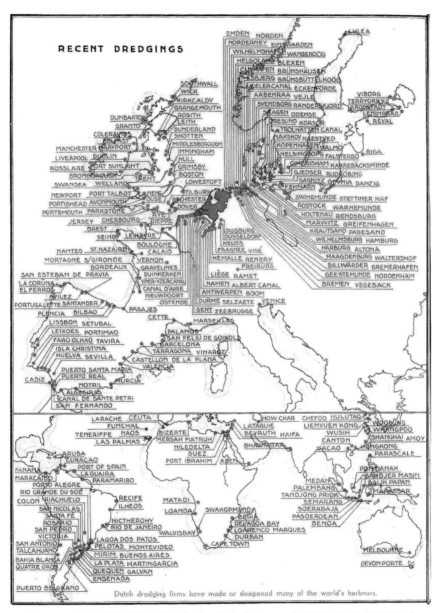

图4-12　荷兰挖泥船队的行动范围。引自范文1948年的《疏浚、排水及围垦》

图4-13　1953年2月在舒温-迪夫兰岛的众多溃堤处之一

《疏浚、排水及围垦：民族的艺术》描绘了一幅新景象：荷兰不再是一条夹着尾巴的狗，而是一个自豪的民族，这个世界强国仍然能够战胜其最大的敌人——水。范文利用各种地图来证明，荷兰的工程师不仅在本国而且在全世界范围内与水争地，并保护当地免受洪水侵袭。他在书中呼吁在须德海工程之后进行另外两个大型围垦工程：其一是他为西南三角洲设计的大淤积计划，即最终在所有的入海口筑堤并抽干。其二是整个瓦登海的围垦。这将大大缩短荷兰的海岸线，形成一条从比利时边境的卡德赞德（Cadzand）到德国边境的代尔夫宰尔（Delfzijl）的岸线，其中只有两个开口，分别通往西斯海尔德河和新沃特伟赫河。

这本书不仅包含了有关水利工程的英雄事迹，还讲述了荷兰战后重建的历程。书中采用了第二次世界大战期间展示各军事力量的出版物所使用的图例，以及代表坦克、轰炸机和军舰数量的标志。荷兰的水务管理部门同样拥有令人叹为观止的"军队"，包括挖泥机、泵站、浮吊、水闸以及其他结构和工具,范文用类似于战时宣传的语言对它们进行了介绍。

该书的出版和获得积极的反响无疑是促使范文重整旗鼓的重要因素。1952年,时任水管理部部长雅各布·阿尔杰拉(Jacob Algera)指示范文提出改善整个西南三角洲的建议。范文为他的《大淤积计划》做了两个版本:一是可以分阶段实施并利用自然淤积过程的"渐进计划",二是立即在哈灵水道、赫雷弗灵恩河和东斯海尔德河入海口筑坝的"即时计划"。该报告于1953年1月29日提交给部长。两天后,即1953年2月1日,西北地区猛烈的暴风雨和春季潮汐引发了剧烈的风暴潮,水位创纪录地达到4.5米,冲毁了泽兰和南霍兰德岛上至少90个堤防。这是荷兰几个世纪以来最严重的洪水灾害。比利时和英国海岸也受到暴风雨的袭击,造成了559人丧生和严重的经济损失。在荷兰的西南三角洲,有1 836人丧生,超过10万人失去房屋和财产,数万只动物被淹死,4 500栋住宅和其他建筑物被摧毁,20万公顷土地被洪水淹没,几乎占荷兰领土的二十分之一。[1]

中霍兰德的堤防也几乎崩溃。在艾瑟尔河畔奥德凯尔克(Ouderkerk aan den IJssel),霍兰德的艾瑟尔堤防处于崩溃的边缘,通过下沉驳船堵住缝隙终于防止了完全倒塌,使荷兰西部免于在短时间内遭受更大的灾难。

规划前奏:鹿特丹港口发展之战

在全国范围内,除了对堤防系统脆弱性的关注外,对1953年洪灾之前三角洲薄弱的社会经济和人口状况的关注也日益增加。有关此类问题的研究在较早已发表,但在灾难发生后才被总结。(见图4-14)

从1945年起,国家空间规划局开始详细分析和描绘三角洲地区的情况。这些研究的主要目的是重建在战争的最后一年被德军淹没的瓦尔赫

---

[1]　Slager, 2014.

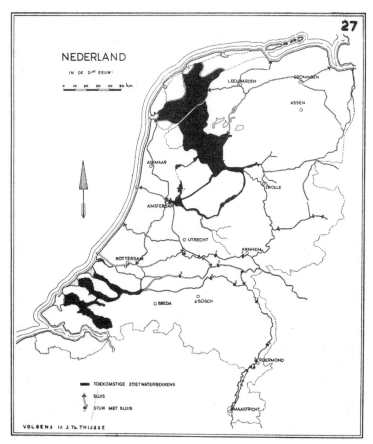

图4-14 1953年2月9日国家空间规划局的报告中标有水利工程计划的荷兰地图，黑色为规划的淡水流域

伦岛。大规模重新分配农业用地（这在荷兰其他地区也认为是必要的）似乎是一个有前景的解决方案。在须德海圩田的新土地上进行的农业现代化工作进展顺利，瓦尔赫伦岛则被视为在旧土地上进行农业现代化的实验场。这两个项目是相关的，那些必须放弃瓦尔赫伦岛土地的农民将有机会在东北圩田建立新农场。[1]

1953年2月1日洪灾发生时，这些项目正进行得如火如荼。2月9日，

---

[1] Andela, 2000.

也就是仅一周后，国家空间规划局提交了一份题为"荷兰西南部灾区：临时规划文件"的报告。[①]报告提供了有关三角洲的大量信息，着重强调了居民数量少和经济（主要是农业）薄弱这两个方面。报告指出，西南三角洲的人口密度在荷兰最低，人口几乎没有增长，在某些地方正在萎缩，与整个荷兰形成鲜明对比。如前所述，整个荷兰是西北欧人口增长最快的国家。

该报告指出农业经济的疲软存在两个因素，即农业用地的碎片化（农场太小）和岛屿周围海水造成的高盐分土壤。根据该报告，农业经济结构调整是新前景的关键，这将取决于两个方面的举措，一是重新分配农业用地，二是在入海口筑坝，为该地区供应大量淡水。报告中最引人注目的地图展示了"明天的水利工程"，这是范文在《疏浚、排水及围垦》中构思的延伸。

国家空间规划局的报告认为，三角洲地区的现代化主要是农业经济的现代化。1956年和1957年，南霍兰德省发布了两份名为"兰斯塔德和三角洲"的报告，为三角洲地区的现代化增加了一个新维度。

报告的第一章"兰斯塔德的问题"列出了研究的起因："兰斯塔德人口的集中度现已达到必须通过睿智规划措施才能保持该地区宜居的程度。尽管乌特勒支省和北霍兰德省的情势也不乐观，但南霍兰德省的情势更加危险，因为该省包括两个主要的人口中心，海牙和鹿特丹各有70万居民。"[②]

该地区的进一步城市化将导致什么？"毋庸置疑，这将使人们回想起其他国家巨型人口中心的最糟案例。"[③]

令省当局担心的是，鹿特丹港口随着博特莱克区（Botlek）的建设沿着新沃特伟赫河迅速向西扩展。鹿特丹的新卫星城赫夫里特（Hoogvliet）在博特莱克旁边。港口进一步向西扩张将形成广阔的工业和城市走廊，

---

① 国家空间规划局，1953。
② 南霍兰德省规划局，1956，p.2。
③ 南霍兰德省规划局，1956，p.14。

模糊鹿特丹和海牙的边界，沿海地区将变成一个工业区。这种发展模式将影响新沃特伟赫河河口以南的沿海地区——德比尔（De Beer）自然保护区的独特价值。

在三角洲工程的前景中，南霍兰德省找到了新沃特伟赫河沿岸进一步工业化和城市发展的替代方案。在哈灵水道筑坝后，新港口和工业以及新城市中心将在该盆地周围发展。这两份报告提出了这个新"三角洲城市"的不同版本。1956年的报告将几乎整个哈灵水道的两岸都视为开发区，但1957年的重点是东部，在霍克斯岛圩田和廷厄梅滕岛（Tiengemeten）的南部边缘建设工业和港口综合体，在戈尔瑞-欧文弗雷克岛东部建设一个三角洲城市，以及大幅扩展赫勒富茨劳斯。作为城市人口增长的必要条件，新的休闲区也可以在三角洲地区得到建设。在这两项研究中，赫雷弗灵恩河及其附近地区被设计为一个休闲区。

从两个方面来看，省当局的提议在三角洲地区的进一步发展中发挥了关键作用。首先，这是官方政策文件第一次提到三角洲工业化和城市发展的可能性，之前的三角洲计划一直侧重于农业。到目前为止，国家空间规划局也深信三角洲地区的潜力远不只是农业经济现代化。但是，只有在该地区拥有高效的交通网络的情况下才有可能真正实现新的工业和城市发展，这反过来又要求细致地协调大坝的位置。1955年，国家空间规划局发布了一份呈现主要道路结构的报告，其中岸到岸的连接尽可能与三角洲工程的水坝位置相吻合。[①] 报告中的主地图显示了两个主要的南北方向道路：一条东部路线将沿着规划中的大坝穿过哈灵水道和沃尔克拉克河（Volkerak），在海牙和安特卫普之间建立直接连接；一条西部路线将沿着封闭入海口的大坝，把鹿特丹与新港口，以及弗利辛恩和泰尔讷曾（Terneuzen）的工业区连接起来。两条路线将通过一条直角道路连接起来，这条道路建在横跨克莱默河（Krammer）和东斯海尔德河的新水坝之上。该路线图与"兰斯塔德和三角洲"研

---

① 国家空间规划局，1955。

究完全契合。正如省主管部门和国家空间规划局预计的那样，西部路
线的主要目的是使休闲和游客交通车辆可以抵达漫长、优美的自然海
岸线。城市和港口的开发与工业化主要发生在三角洲的东部。南霍兰
德省的"三角洲城市"是鹿特丹——安特卫普城市和工业走廊的一部
分。两项研究均旨在为三角洲地区制定一项综合性国家空间规划政
策，最终帮助该地区摆脱落后的困境。

其次，省当局的提议得到了包括荷兰自然保护协会等机构的支持，
却引发了鹿特丹市议会和荷兰政府的冲突。争取鹿特丹地区港口和工
业的发展以及城市扩张的努力持续了15年。1956年至1957年间，鹿
特丹港与德国威廉港（Wilhelmshaven）开始争夺主要石油公司的青睐。
这些石油公司正在寻找交通便利的北海深水港，以建造通往德国腹地
的油管。如果他们选择鹿特丹，则需要一个具有深水航道的新深水港。
鹿特丹市议会提议在荷兰角对面，也就是德比尔自然保护区旁建造港
口，这远比加深现有港口要更佳，但也意味着要深挖新沃特伟赫河。[①]
从长远来看，新深水港和鹿特丹现有港口之间的整个区域都可以发展
成为港口和工业区。然而，南霍兰德省担心这会导致新沃特伟赫河沿
线的工业和城市地区大规模升级和致密化，并失去欧洲唯一的自然保
护区。戴比尔沙丘景观拥有独特的动植物生态系统，是霍兰德沿海景
观的重要组成部分。

南霍兰德省提出了一个替代方案，即通过一条新运河来延长航线，并
在哈灵水道上的新港口综合体和新沃特伟赫河之间设闸。新港口综合体
到哈灵水道封闭（直到20世纪60年代后期才被列入日程）时投入使用。
鹿特丹市议会反对了该提案。

由约翰·范文为代表的公共工程及水管理局支持鹿特丹的提议。
1948年，范文曾提出类似的建议，在荷兰角对面建一个港口。他主张不
进一步加深新沃特伟赫河河口，因为这将使毗邻的圩田更易遭受洪水和

---

① Lucas, 1970.

盐碱化的影响。在新沃特伟赫河河口以南新围垦的土地上建造港口可以避免这种情况。

在1956年至1966年之间，鹿特丹港务局和公共工程及水管理局提出了许多不同的方案。最初的设计保留了自然的沙丘景观，但后来的设计则更加注重港口的建设，也因此终结了德比尔作为自然保护区的命运。的确，最初的设计，即马斯弗拉克特（Maasvlakte，马斯平原）开发项目就是为了开发向西南扩展的潜力。这与南霍兰德省和自然保护主义者所期望的保护沿海景观背道而驰。

最终的妥协是在筑坝的布里斯马斯河周围开发了一个自然保护区，以弥补德比尔的损失。该自然保护区现更名为"布里斯湖"（Brielse Meer）。（见图4-15、图4-16、图4-17、图4-18）

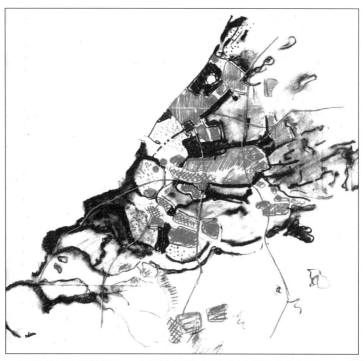

图4-15　鹿特丹以南新城镇和工业区的轮廓，摘自南霍兰德省规划局1956年的报告《兰斯塔德和三角洲》

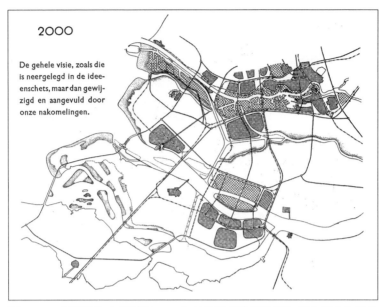

图4-16　南霍兰德省规划局1957年的报告《兰斯塔德和三角洲》中鹿特
　　　　丹以南的新城镇和工业区的规划

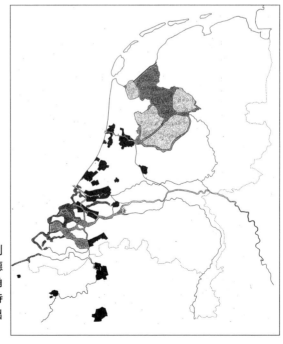

图4-17　从南霍兰德省规划
局1956年的报告《兰斯塔德
和三角洲》中可以看出,三角
洲工程为阿姆斯特丹-安特
卫普和工业走廊的发展作出
了贡献

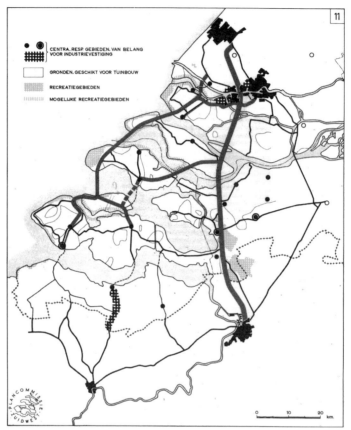

图4-18 国家空间规划局计划的路网,源于1955年的《三角洲计划中大坝位置的空间规划》

三角洲工程:国家的利益

　　1953年2月8日,在洪灾即将来临之际,荷兰政府成立了三角洲委员会,指令其为西南三角洲制订防洪计划。委员会的成员几乎都是高级水利工程师,范文再次出任秘书。一年后,经济政策分析局局长、经济学家扬·丁伯根(Jan Tinbergen)加入了该委员会。支持三角洲计划的讨论已经变成了热点,并与国家空间规划局和南霍兰德省的研究联系在一起。

丁伯根的观点在该计划的政治决策中发挥了关键作用。

三角洲委员会在成立后的几个月内就两个最紧迫的事项提交了议案：位于霍兰德艾瑟尔河河口处克林彭的风暴潮屏障，以及封闭位于舒温−迪夫兰岛上斯海珀尼瑟（Scherpenisse）处堤防最大和最严重的裂口。1954年，即洪水过后仅一年，开始了风暴潮屏障建造。这个"霍兰德的门闩"（grendel van Holland）至少使中霍兰德更加安全。[1]

洪水发生一年后，整个三角洲计划基本完成。三角洲委员会呼吁入海口应该封闭得比一年前范文的"渐进式"和"直接式"计划更彻底，并主张在入海口建造大坝，以连接所有岛屿西端的沙丘线，即之前国家空间规划局建议的那样，从卡德赞德到代尔夫宰尔的一条基本不断裂的海岸线，仅留下西斯海尔德河和新沃特伟赫河的入海口。这意味着范文的"大淤积计划"被终结，保留新沃特伟赫河作为莱茵河河口，以确保鹿特丹港口的继续发展。

《三角洲法案》直到1957年才正式得到批准。1961年，三角洲委员会完成了报告最终版，其中包括整个三角洲计划的具体技术和财务细节。后两者的不确定性在政治辩论中引发了极大的怀疑和保留意见。

《三角洲法案》要求对水利和空间发展的政治控制进行重大转变。之前对这些事项的控制是明确的，权力主要掌握在地方和地区当局手中，中央政府的职责主要是协调。《三角洲法案》着眼于国家利益，因此中央政府掌握了控制权。这种转变是议会辩论的主题，也是最有争议的话题。1956年，公共工程及水管理局成立了三角洲部，扭转了其在须德海工程上被边缘化的局势。1957年秋，在讨论《三角洲法案》时，许多国会议员反对将三角洲工程的设计和实施都集中在一个国家机构之下。他们强调须德海工程与三角洲工程之间存在巨大差异，这次不再是开垦新土地，而是保护现有土地。这片土地上的人民世代生存，积累了大量的本土认知。更了解地情的地方和省级主管部门以及水务委员会应更多、更紧密地参与工程的研究和执行，而不是主要依靠中央部门的技术专长。拥有大量

---

[1] Stuvel, 1961.有关1953年后紧接着的几年中三角洲工程的草案、实验和讨论的详细说明，见Stuvel, 1956。

农村选民的基督教团体呼吁建立一个三角洲理事会,以代表地方的知识和利益,并监督三角洲部。[①]

该团体还提出了反对将入海口(特别是东斯海尔德河)完全封闭的提议,因为这将对牡蛎和贻贝养殖产生严重影响。许多国会议员要求建造一个"穿孔水坝",以保持东斯海尔德河的潮汐和盐度,并在水位过高时关闭。三角洲委员会和政府意识到对牡蛎和贻贝养殖部门的忽视。《三角洲法案》的解释性说明指出,政府在菲斯哈特(Veerse Gat)入海口大坝(大坝工程的第一部分)的修建过程中考虑进行一项实验,包括在大坝中修建水闸,以保持新菲斯湖(Veerse Meer)的潮汐运动。但是,国会议员对该项目的可行性表示怀疑,正如所料,该提议因造价过高而被驳回,菲斯湖变成了一个淡水湖。

国会议员强调,三角洲计划不应仅仅被视为泽兰岛和南霍兰德群岛的区域性问题,而应首先考虑到国家利益。基督教历史联盟成员科·范德佩尔(Cor van der Peijl)表示:"该计划不仅仅是为了解决'霍兰德人'或'泽兰人'的事情,而是涉及整个荷兰国家。"[②]他和其他议员指出,三角洲工程有利于增强荷兰人的民族团结感。

几乎所有国会议员都将西南三角洲视为一个待开发区域,面临着大量移民问题,且经济落后于鹿特丹地区。人们普遍认为,封闭入海口不仅应保护西南三角洲免受洪水侵袭,而且还应考虑其社会经济落后的状况,将兰斯塔德的经济和人口压力转移到整个三角洲。实际上,整个三角洲计划也取决于这些目标的实现。正如工党成员西奥·霍斯特豪特(Theo Westerhout)所说:"三角洲工程将花费大量资金,因此我认为从投资中获得最大收益至关重要。我们应该认识到,利用三角洲计划提供的机会不仅是出于地区或省的利益,还应作为中央政府关于全国重要资源和人员空间分布政策的组成部分。"[③]

---

① 国会众议院议事录,1957年10月29日。
② 国会众议院议事录,1957年10月29日,p.3027。
③ 国会众议院议事录,1957年10月29日,p.3039。

霍斯特豪特和其他议员提到了南霍兰德省的"兰斯塔德和三角洲"研究。他们相信，有必要将三角洲工程与三角洲地区的新经济和城市发展联系起来。但是，这也需要该地区许多现有居民作出重大牺牲。为确保实现这些目标，有必要采取一项特殊的社会方案。其中的一项提议是"1%社会计划"，即将新的三角洲工程基金的1%留出用于社会发展项目。

同时，几乎所有的议会派别都指出，将水利工程与空间和经济发展计划联系起来的提议尽管看上去很棒，但仍缺乏充分的依据。议会希望对建设的直接成本以及该地区新经济和空间发展的直接和间接收益有更清晰的描绘。

尽管议会于1957年11月5日通过了《三角洲法案》，但三角洲委员会还是被要求提供所要求的具体细节。又过了四年，这些细节最终于1961年提交。（见图4-19）

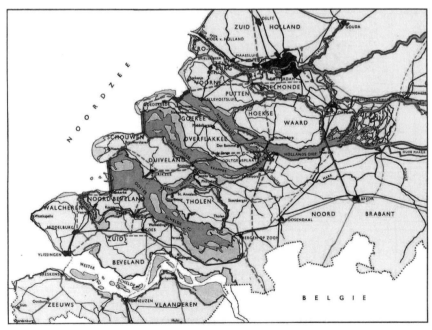

图4-19　1957年11月5日启用的《三角洲计划》

三角洲计划：具有科学依据的全面计划

三角洲委员会的最终报告《三角洲计划》于1961年完成。该报告呼吁进一步发展和更新水利知识和见解，并将其与有关经济和空间发展的新构想联系起来。(见图4–20、图4–21、图4–22、彩图9)

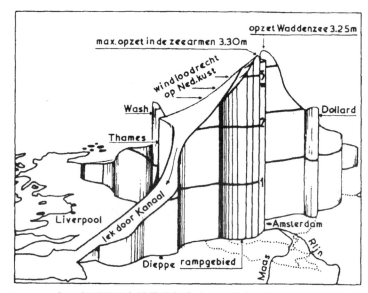

图4–20　1961年三角洲委员会的最终报告中显示的在西北风暴中汹涌的北海潮水

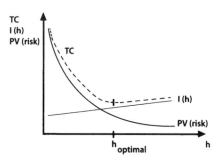

图4–21　在防洪屏障投资与洪水的相应损失之间寻求最佳平衡。对于每个环形堤，总成本(TC)包括对防洪堤的投资以及计算得出的洪水发生时该地区将遭受的破坏(PV =概率 × 价值)。加大对防洪堤(I)的投资和抬升堤防(H)可以大大减少相应的损失，从而降低总成本。但是对堤防的投资达到极值时不会再降低总成本，而会增加总成本。通过计算这个转折点可以确定对防洪堤和抬升堤防的最佳投资

图4-22　东北圩田的水利工程实验室的东斯海尔德河口的实体模型：水平比例为
　　　　1 ∶ 400,垂直比例为1 ∶ 100。来源于1970年的照片

一种新的水利方法

当前的水利知识是对数学和物理计算的扩展,例如20世纪20年代洛伦兹在须德海工程中引入的计算方法,以及韦默斯费尔德(Wemelsfelder)在1939年对其的改进。韦默斯费尔德在三角洲计划中扮演了关键角色。[①]他计算了极端风暴潮期间的波浪爬高和水位,并绘制了三维插图。为了在应用计算结果之前进行测试,他在东北圩田建立了代尔夫特水利实验室露天实验场,用以研究河流和洋流的动态,并建造比例模型测试各种封闭三角洲水域的方法。韦默斯费尔德计算各种水位的风暴潮概率,识别出一系列可筑环形堤区域,并根据其遭受洪灾的可能性对其进行排序。韦默斯费尔德遵循"风险是概率与后果的乘积"这个指导原则。这种方法在保险界也很普遍,可以通过控制概率或后果来控制风险。"后果"的定义是潜在受害者的数量加上某个地区因洪灾造成的经济损失。为了将全国范围内的风险最小化,应使用堤防来保护可能造成较大后果的地区,从而降低洪水泛滥的概率。防洪第一次被定义为财政和经济问题,这是利用成本效益分析在(1)堤防和其他工程结构的投资与(2)洪水可能造成的损害之间取得最佳平衡。用这种方法定义堤防的最佳高度是,能使洪水泛滥的概率在人口稠密的兰斯塔德降至万分之一,在西南三角洲降至四千分之一。

这种新的风险计算方法是基于概率计算和用比例模型研究洋流和波浪爬高的动态,这是科学解决水管理问题的重大飞跃,最终摆脱了盛行至19世纪末的试错法。

一个新的社会经济方法

然而,新的概率计算和成本效益分析方法仍不能证明封闭西南三角洲入海口的提议是合理的。经济政策分析局局长兼三角洲委员会成员

---

① 三角洲计划报告,1961,Contribution Ⅲ.关于风暴潮和潮汐运动的思考。

扬·丁伯根教授对其合理性提供了解释。丁伯根在对三角洲计划的另一项研究中比较了两个方案：(1)加强现有的洪水屏障，使得发生洪灾概率降至四千分之一；(2)《三角洲计划》，包括封闭新沃特伟赫河和西斯海尔德河之间的入海口。

丁伯根计算得出，计划第一版本比计划第二版本多花费2.8亿荷兰盾(按今天的货币价值是7 000万欧元)，但直接收益也要多2.8亿荷兰盾。这些更高的收益主要来自更多的土地开垦机会(计划第一版本为2 000公顷，计划第二版本为16 000公顷，计划第二版本将入海口变成了淡水水域，防止了岛上土壤的进一步盐碱化，因此农业产量也会增加)。

丁伯根还表示，除了计划第二版本的直接收益外，还有一些无法用经济来衡量的其他利益。首先，三角洲计划将为区域分布工业和城市发展创造机会。丁伯根强调"通过实施三角洲计划为兰斯塔德创造新空间的国家利益"。[1]他认为该计划将有助于摆脱三角洲地区经济和人口的落后状态，具有国家级重要性。此外，该计划可以推动水利工程理论和实践的发展，大大提高荷兰水管理部门的国际声誉，由此带来一些参与国外重大项目的机会。

最后，丁伯根表示，三角洲计划还有一个"任何国家都愿意付出巨大代价"的优点。[2]他的意思是，通过提供"小国如何追求伟大"的证据，实施该计划将对"民族自豪感"产生影响。

空间规划：科学和精神的基础

丁伯根对于为兰斯塔德创造新空间的评论是基于国家空间规划局和南霍兰德省的早期研究，以及1958年的政策文件《西荷兰的发展》。[3]这份文件是国家空间规划局对西荷兰的研究报告。1960年，其中的大

---

[1] 三角洲计划报告,1961,p.73。
[2] 三角洲计划报告,1961,p.74。
[3] 国家空间规划局,1958。

部分内容纳入政府的《空间规划第一政策文件》。这两份文件很大程度上是国家空间规划局对支持和反对意见进行研究的报告，因为荷兰的国家政策需要全面考虑这些意见。报告首次根据国际经济和人口趋势对荷兰进行了评估。根据最新的人口预测方法，到1980年荷兰的人口将达到1 300至1 410万，且西部的经济和人口增长会非常高。早期的各种论文和报告已经对这种增长提出了一些建议，该政策文件以这些为基础进行了扩展，认为兰斯塔德空间和经济的进一步扩张应趋于去中央化并向外发展。1958年文件封面上的徽标象征着这个双重目标：在兰斯塔德的封闭圈之外还有第二个圈，它不是封闭的，而是分成较小的单元。

这些文件在某种程度上重申了南霍兰德省在"兰斯塔德和三角洲"研究中的观点：由于"容纳空间有限"，鹿特丹地区的工业化、港口发展和人口增长将导致特别严重的问题。根据计算，鹿特丹的人口从1950年的85万将增加到1965年的110万。之后只能通过在该区域之外创建"溢出"区域吸收多余的人口，从而进一步增加到135万。鹿特丹的南面与哈灵水道接壤，似乎是最合适的地方。研究预测，赫勒富茨劳斯将出现一个有25万人口的新城市。因此，中央政府给鹿特丹提供了财务支持，集中力量发展新沃特伟赫河的工业和赫勒富茨劳斯的新城市。（见图4-23、图4-24）

图4-23　1958年的政策文件《国家的西部开发》（De ontwikkeling van het Westen des Lands）的封面，这是1960年《空间规划第一政策文件》的前身。双圆圈表示该文件的主要目标，即减轻对兰斯塔德的压力，并在全国范围内分配人口以及城市和经济发展

1966年发布的《空间规划第二政策文件》强调了"联合力量"的必要性，这

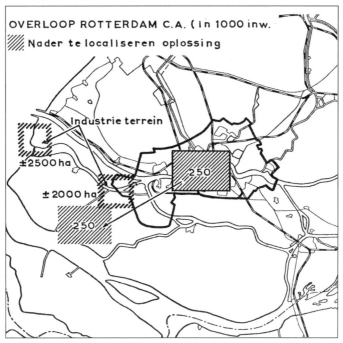

图4-24　鹿特丹地区预计增长的25万人口将被鹿特丹以南的新城市中心吸收。图片来自1958年的政策文件《国家的西部开发》
注：图中标识"250"的单位为千人。

对于实施提议的政策是必不可少的。[①]为了强调这一点，首相和他的十个部长签署了该文件。文件详述了西荷兰文件有关的内容，比如全国范围内人口和企业的分布。这似乎是必要的，因为估计人口将在2000年增加到2 000万，比西荷兰文件预测1980年达到的1 400万增加了600万。

首先是在国家一级通过鼓励周边地区的城市和经济发展来实现分配，其次是在区域一级采用"集群式去中央化"原则实现分配。这意味着整合几个类似规模的城市建立城市群。著名的"区块地图"（blokjeskaart）就是在这种重组模式下产生的。地图显示了到2000年荷兰理想的城市发

---

① 住房及空间规划部（Ministry of Housing and Spatial Planning），1966。

展模式,每个"区块"都代表了一定规模、就业水平和设施水平的城市中心。

工业化和海港政策也有实现最大分散的目标。1966年,政府在发布《空间规划第二政策文件》的同时也发布了《海港政策文件》,[①]解决了中央政府与省政府之间关于鹿特丹港扩建的争端,最终选择了沿着新马斯河扩建鹿特丹港。该文件没有提及港口朝哈灵水道延伸,而是更强调西南三角洲其他地区的港口发展和工业化。特别是东斯海尔德河的东部(于1530年被圣费利克斯日洪水吞噬的"莱默斯瓦尔淹没的土地")在《海港政策文件》中被确定为主要港口和工业园区,将通过横跨南贝弗兰岛的一条运河连接西斯海尔德河。

1966年,还发布了交通、公共工程及水管理部提出的新《主要道路计划》。除了沿三角洲计划中大坝规划的主要道路之外,西南三角洲还规划了许多其他道路,以优化通往新工业区的通道。然而,由于人口超常增长的前景,鹿特丹市议会在20世纪60年代后期重新考虑了南霍兰德省的"兰斯塔德和三角洲"计划,在1969年对其稍作修改,发布了《鹿特丹2000+》。省当局则对此不再感兴趣。到20世纪70年代,人口增长远没有达到预期的数量,计划的港口扩展也被证明是没有必要的。1966年,第一艘集装箱船停泊在鹿特丹港口。随后,集装箱席卷了整个航运业,掀起了港口高效土地利用和劳动生产率的革命。[②]这是《鹿特丹2000+》计划和预计的东斯海尔德河港口区域并未启用的主要原因之一,一些计划中的主要道路也未修建。

《空间规划第二政策文件》的意义远远超出了西荷兰政策文件,它考虑了荷兰景观的形成,被视为保护和发展自然和休闲景观政策的起点。这些内容的作者弗兰斯·马斯(Frans Maas)和伍特·雷(Wouter Reh)在建筑杂志《论坛》(*Forum*)的特刊中更详细地解释了他们的研

---

① 交通、公共工程及水管理部(Ministry of Transport, Public Works and Water Management)等,1966。
② Levinson, 2006.

究。他们以"景观人文方法的基本原理"为标题，大量引用了以协调基督教信仰与达尔文的进化论而著名的法国古生物学家和神学家皮埃尔·泰尔哈德·德夏尔丁（Pierre Teilhard de Chardin）的观点。[①]这种把泰尔哈德·德夏尔丁思想作为空间规划政策基础的观点很新颖，并且可以用多种方式来解释。首先，它给卡尔斯政府（由基督徒和社会主义者组成的联盟）提供了支持，使政府在国家空间规划中发挥关键作用。泰尔哈德·德夏尔丁的观点"不再将宇宙视为静态秩序，而是一个处于变化过程中的宇宙"被用来反对宇宙和自然环境是静态的观点，即人类不得干预"天赐"。作者认为，恰恰相反，宇宙和自然环境一直在运动，其中包括通过人工干预来实现，因此负责任地对待自然环境很重要。休闲时间和创造力的增加为"探索自然环境的创造潜力"提供了更多机会。这就提出了第二个议题：自然对人类创造力发展的重要性。闲暇时间的增加使人们有机会发展对自然环境的看法和审慎的方法，从而为生存找到新的意义。否则，他们将面临自然环境的破坏和文化的侵蚀。

文中警告，"文明因高估了人类的能力和自然环境的潜力而崩塌"[②]，这指向了第三个议题，即针对三角洲工程影响三角洲地区自然环境的质疑或潜在批判。第二政策文件中对景观的高度重视引发了人们更关注空间结构对景观和休闲区的重要性。空间结构不仅应为努力工作的城市居民提供休闲和放松的机会，还应使全国人民意识到景观的本质，并对其未来发展产生共鸣。西南三角洲的中部地区（舒温-迪夫兰岛、赫雷弗灵恩河岛和东斯海尔德河）被特别指定为自然和休闲景观区域，将成为从该流域经由比斯博斯和荷兰角到达海岸的绿色走廊的一部分。（彩图10、图4-25、图4-26、图4-27、图4-28）

---

① Forum, 21 (1966), no.1, p.14.
② Forum, 21 (1966), no.1, p.15.

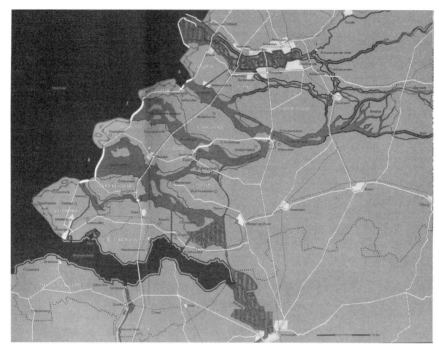

图4-25　1967年公共工程及水管理局发布的西南三角洲规划图,《三角洲计划》《空间规划第二政策文件》《海港政策文件》和《国家道路计划》的建议在这里作为一个整体提出

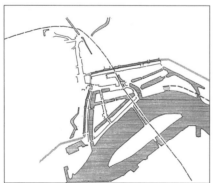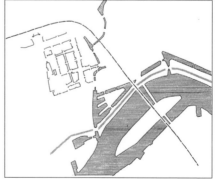

图4-26　鹿特丹沿马斯河右岸堤防的路线。左：1940年前的情况，主要街道位于高街和河之间；堤防沿着斯希丹堤—高街—东海大堤路线。右：1955年后的情况，新的市中心向西北移动；堤防现在沿着邦佩斯大道—马斯大道路线

图4-27　1955年左右在鹿特丹的马斯大道上建造了新的防洪堤。摄影：洛维斯
（J. F. H. Roovers）

图4-28　1960年左右，鹿特丹马斯大道的景色。摄影：洛维斯

国家规划与地方影响

《三角洲法案》的许多项目从一开始就颇具争议,因为它们在地方一级产生了巨大影响,并在当地创造了新的功能和空间条件。

三角洲高速公路网络的出现意味着三角洲和周边地区之间以及各个岛屿之间的交通时间大大减少。从阿姆斯特丹到奥德多普或哈姆斯泰德(Haamstede)的旅程现在只需要两个小时而不是两天。这些岛屿成了旅游和休闲的便捷目的地。

然而,高速公路网络以及河口的筑坝极大地改变了岛屿、城镇和乡村的空间结构。城镇的中心空间特征不再是港口,而是高速公路出入口。胡德雷德就是一个典型的例子。当哈灵水道新水坝把胡德雷德港口运河从哈灵水道切离时,该港口也就失去了其功能。现在城镇与外界之间的主要联系是省级N57高速公路。许多三角洲城镇被剥夺了渔业和渡轮服务,留下了荒凉、废弃的海港。虽然水上运动的日益普及使一些港口转型为游艇码头,但是在其他地方,例如老通厄(Oude Tonge),港口则全部或部分被填埋。

《三角洲法案》对自然和环境的影响也深远。三角洲被划分为许多完全隔离的水域,要么是淡水,要么是咸水,要么是静态的,要么是动态的,大幅改变了整个三角洲生物系统的状态。实际上这种影响已经被考虑,但是并不清楚具体会发生什么。[①] 20世纪60年代后期以来公众对三角洲环境问题的关注大大增加,越来越多的人反对封闭所有水域,以及在三角洲拟定的大规模城市和工业发展。

三角洲工程也对鹿特丹市产生了重大影响。在鹿特丹,沿西海大堤—邦佩斯大道—马斯大道(Westzeedijk-Boompjes-Maasboulevard)建造新的主要防洪屏障是一个有争议的项目,遭到了引人注目的抗议。[②] 战后市中心

---

① Duursma et al., 1982.
② Kraayvanger, 1946; Meyer, 1996.

的重建计划是基于"河边窗户"这个理念,酷尔辛格大街(Coolsingel)穿过改道的"斯希丹堤防"(Schiedamsedijk)延伸,在鹿特丹的这条主要通道上能看到河上的船只和码头起重机。但是,新的高大海堤封闭了通往海港的通道,也阻断了欣赏河景的视线。历史悠久的德夫哈芬港口(Delfshaven)(战后鹿特丹唯一的百年历史港口)也失去了与河流的直接联系。

20世纪90年代,鹿特丹幸免于第二轮沿新马斯河沿岸的海堤抬升工程。抬升所有堤防的直接和间接成本很高,在新沃特伟赫河河口建立风暴潮屏障被认为是性价比更高的解决方案。马斯朗特(Maeslant)屏障于1997年启用,海船平常不受限制地从海上进入新沃特伟赫河,到达鹿特丹港口,仅当水位过高时才关闭屏障。

东斯海尔德河大坝:荣耀之冠和转折点

东斯海尔德河风暴潮屏障被视为三角洲工程的最高荣耀,也是重要的转折点和新阶段的开始。其创新、大胆的设计使之成为全球瞩目的新奇事物。正如扬·丁伯根在三角洲委员会最终报告中提到的,风暴潮屏障设计的突出贡献在于使荷兰在水管理界享有国际声誉。然而,该设计的巧妙之处其实是公众抗议的结果,抗议主要针对在入海口筑坝对自然和环境造成的影响。因此,风暴潮屏障也成为一个转折点。在建设水利工程时,不仅需要关注防洪效应,还应考虑自然、环境和生态因素。而且,自从东斯海尔德河防洪屏障修建以来,很明显在考虑三角洲工程的"国家利益"的同时也应该重视地方利益。

东斯海尔德河风暴潮屏障是三角洲工程最大、最复杂也是最后一部分。这里的入海口最宽,拥有最深的航道和强大的洋流。为了完成这个最终任务,必须借鉴在其他入海口上筑坝的经验。哈灵水道、赫雷弗灵恩河和沃尔克拉克河水坝在复杂水利结构及其对自然和环境的影响方面为之提供了宝贵经验。当时,封闭水域的环境平衡已被严重破坏。20世纪

60年代后期,第一位被公共工程及水管理局聘用的生物学家亨克·塞伊斯(Henk Saeijs)就这些水域的水体质量发表了令人震惊的报告。① 在东斯海尔德河筑坝带来的危害甚至更大,因为这个入海口是荷兰牡蛎和贻贝养殖业的中心。20世纪50年代以来,牡蛎和贻贝养殖者一直呼吁抬升堤防而不是封闭入海口,这个倡议在60年代后期得到了环保主义者的支持。其间发生了许多激烈的抗议、示威和辩论,后来被称为"东斯海尔德河之战"。② 公共工程及水管理局的计划影响了牡蛎和贻贝养殖者的经济利益。尽管公共工程及水管理局声称如果养殖者改种蘑菇将得到财政支持,但很少有人对此感兴趣。在1963年灾难性的严冬,大多数牡蛎和贻贝苗种都被冻死。对于刚刚恢复生计的渔民而言,东斯海尔德河保持开放的潮汐口至关重要,因为高低潮交替的盐水是贝类的理想生境。在1957年关于《三角洲法案》的议会辩论中,人们驳斥了"刺穿大坝"的提议,现在这个想法再次浮出水面。

但是,在20世纪70年代初,公共工程及水管理局已经开始在东斯海尔德河入海口建造一座封闭的水坝,沙洲延展到建造水坝的人工岛上。1973年取得的阶段性成果是,九公里河口中的五公里已经被封闭。然而,在公众的大力支持下,保持东斯海尔德河开放入海口的斗争愈演愈烈,以至于1974年政府下令停止了该工程。部长们对该地区进行了几次工作访问,约普·登厄伊尔(Joop den Uyl)作为首相的政府专门就该主题举行了多次会议。最终,在1974年的一次深夜内阁会议之后,以最少的票数(只有一票)决定,公共工程及水管理局应该为剩余的四公里设计一个可移动的风暴潮屏障。该屏障平常保持开放以允许潮汐运动,只有在水位超高时才关闭。

新的屏障是一项革命性设计,终结了水利工程师的主流观点,即只有完全封闭所有入海口才能确保最佳的防洪效果。屏障将由一系列支柱组成,支柱之间设置滑动板,可以垂直放下,以完全关闭屏障。支柱的基础是能在海床上展开的特殊人造垫。放置支柱和人造垫都需要建造特种船

---

① Saeijs, 2006.
② De Schipper, 2008.

只。整个项目包括特种船只的建造需要一笔巨额投资,远远超出了最初的估计成本。公共工程及水管理局希望通过租赁或出售船只来收回额外的投资。尽管东斯海尔德河风暴潮屏障被全世界视为工程奇观,并拥有无数的崇拜者,却没有人愿意购买这些特种船只,因此公共工程及水管理局在财政年度结束时出现了巨额赤字。

三角洲工程的预算是由三角洲委员会作出的,为18亿荷兰盾(按今日币值为4.5亿欧元)。但最终的成本为120亿荷兰盾,其中的70亿荷兰盾用于东斯海尔德河屏障的建设。经过通货膨胀校正,最终成本是原始估算的六倍。另一方面,农业、港口和工业生产力的提高所产生的收益也是原始估计的六倍。[①]人们对东斯海尔德河屏障的总体感觉是"它的成本可能高了一些,但是物有所值"。(见图4-29、图4-30、图4-31、图4-32)

图4-29 2014年,以舒温的海岸线为背景,从南部看东斯海尔德河风暴潮屏障。潮汐明显上升,穿过开放的入海口,在大坝东部形成白浪

---

① Don & Stolwijk, 2003.

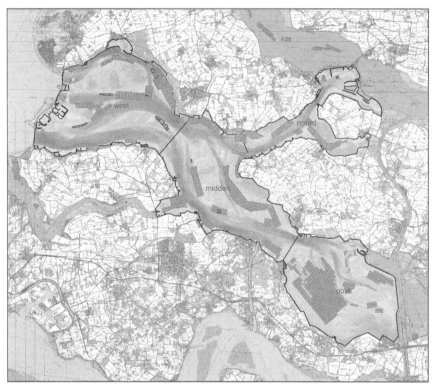

图4-30　2008年贻贝和牡蛎养殖业中的水深情况。左侧为东斯海尔德河风暴潮
　　　　屏障

图4-31　2005年在耶
尔瑟克的牡蛎养殖
场。摄影:汉·迈耶

图4-32 1991年耶尔瑟克的"牡蛎大亨们"。左后：作者的岳父阿德里·韦尔哈特（Adri Verhaart）。摄影：迪克·布瓦尔达（Dick Buwalda）

作为一项现代工程，封闭三角洲

20世纪的须德海工程和三角洲工程是独特的空间干预和水利干预的成功整合。这些重大项目使荷兰平安度过了漫长的无大洪水时期，自1953年以来已有60多年。在过去的一千年中，荷兰从未在如此长的时间里免受严重洪灾的威胁。

工业化和农业现代化项目同样取得了巨大成功。尽管荷兰是工业后发国家，[①] 1963年鹿特丹港已经成为世界上最大的港口。仅仅经过几十年时间，工业政策使荷兰成为一个现代化的工业国家。[②] 新沃特伟赫河

---

① Atzema & Wever, 1999.
② Schot et al., 2003.

和北海运河地区成为荷兰最大的两个工业区,许多较小的工业区也蓬勃发展,特别是在西南三角洲,比如莫尔代克(Moerdijk)、弗利辛恩/斯洛和泰尔讷曾。建设艾瑟尔湖圩田的最初目标是使荷兰自给自足,但在几十年之内,荷兰成为世界第二大农产品出口国。[①]耕种机械化、畜牧集约化和园艺市场化使农业成为工业的一个部门。在战后几十年中,工农业生产率以前所未有的速度增长,远超预期。荷兰经济从19世纪的边缘地位发展成为世界上最成功的经济体系之一。2012年,就人均国内生产总值(GDP)而言,荷兰是欧盟第二大富国(仅次于卢森堡)。[②]

　　尽管花费在水利工程上的费用是高昂的,荷兰是世界上在防洪和水利工程上投资最多的国家之一,但这些支出已经得到了足够的回报。截至2015年,荷兰每年在防洪上的支出约为10亿欧元,占国家预算的0.4%,仅占年度GDP的0.1%多一点。防洪每年支出的10亿欧元可以确保荷兰每年赚8 500亿欧元,换句话说,每年8 500亿欧元的GDP受洪水影响的可能性微乎其微。

　　须德海工程和三角洲工程是荷兰现代化的重大项目。荷兰人有效地把排放河水和海岸防洪变成了一个工业体系,使之几乎可以用监管制造行业的方式进行监管。与此同时,这两个工程为营造集体民族意识作出重要贡献。它们不仅扩展了荷兰的领土规模,而且使之黏合得更紧密——无论是从物理角度,还是在国民心中的概念上。这两个工程将国家的边缘地区更充分地融入荷兰民族国家,并实现了在全国范围内更均匀地分配经济增长的目标。北部省份以及泽兰和南霍兰德岛不再是20世纪初的落后外围地区,而是与西部城市一样繁荣。

　　须德海工程和三角洲工程对荷兰水管理部门的国际声誉和荷兰人民的民族自豪感的影响,是工程得以延续的主要原因之一。民族自豪感与重大水利工程是相辅相成的,一方面需要民族自豪感来为这些重大项目提供公众支持,另一方面,更重要的是,这些项目为增强荷兰的民族团结

----

① 荷兰统计局、荷兰环境评估局、瓦赫宁根大学及研究中心,2012。
② 荷兰统计局。

感和国家公民感作出了根本性贡献。它们令人回想起第二次世界大战，不仅体现为约翰·范文著作《疏浚、排水及围垦》中的图形语言，而且体现在议会关于《三角洲法案》的辩论中。工党成员雅普·比尔格（Jaap Burger）提到战争期间许多家庭坐在客厅里翻阅欧洲地图，并用别针标记前线。同样，他现在看到一些家庭在荷兰西南部的地图上仔细研究并做标记，以期了解封闭入海口以降低洪水风险的提案："我们不应该低估荷兰人关注重大水管理问题的重要性，以及它们强烈激发大众想象力的事实。"[①]

　　范文的著作取得了立竿见影的成功，以至于不得不多次再版，到1962年已经再版五次。三角洲工程导致了一系列讨论该项目及其对荷兰重要意义的刊物的出版。[②]阿尔特·克莱因（Aart Klein）和卡斯·奥图里斯（Cas Oorthuys）等摄影师出版的里程碑式图书印有戏剧性黑白凹版照片，突出了荷兰英勇对抗洪水及其成果。其中的《荷兰在扩张》（Nederland wordt groter），提到了须德海工程和三角洲工程不仅增加了荷兰的面积，而且拯救了孤立的外围岛屿。[③]显然，虽然荷兰被占领了五年，失去了东印度殖民地，但它在与海斗争中取得了胜利，并且设法扩大了领土。

　　正如扬·丁伯根所倡导的，荷兰成为世界领先国家的目标似乎已经实现，至少在水利工程方面。2013年，三角洲工程被国际咨询工程师联合会宣布为世界上最负盛名的水管理项目。如果有国际空间和城市规划奖，那么荷兰无疑将摘得头筹，国际专业文献中对荷兰在该领域的工作给予了极大关注。

　　在世界范围内，荷兰利用水利工程和相关空间规划促进民族团结的方法上也是独一无二的。如果我们比较世界上防洪投资最高的两个国家，即美国和荷兰，结果尤其令人震惊。卡伦·奥尼尔（Karen O'Neill）将

---

① 国会众议院议事录，1957年10月29日，p.3034。
② Stuvel, 1961 & 1963; Willems, 1962; Klein et al., 1967.
③ Willems, 1962.

图4-33 埃尔德·威廉姆斯（Eldert Willems）的《荷兰在扩张》（1962年版）封面

图4-34 1962年邮票上的三角洲工程，由扬·范海尔（Jan van Heel）设计

美国陆军工程兵团（USACE）执行的这个领域的政策描述为"遥远官僚机器的匿名作品"，其结果被美国公民和地方当局视为"不可避免的灾祸"，而不是对共同民族观念的贡献。[1]在美国，大型水利工程并非民族认同的标志。（见图4-33、图4-34、图4-35、图4-36）

在荷兰，须德海工程和三角洲工程不仅促进了民族意识，而且也促进了民族国家中央管理的架构。须德海工程仍然是在现存社会秩序之外进行的实验，三角洲工程则实际上对该秩序进行了重组。这些水管理项目被视为国家事务，而不仅仅关乎地方或区域利益，因此关于发展的异议和抗议时常被忽略。水管理改革与农业现代化、工业化和空间规划齐头并进，映射出未来的国家政策。

最初，大规模工程不仅被视为改善防洪能力所必需，更是启动一项新国家农业计划的基础。须德海工程就是典型的例子。尽管工业化最终也被提上议事日程，尤其是在莱利斯塔德，但起初并没有成功。第一代用大坝封闭西南三角洲的计划以及范文的《大淤积计划》为的也是开

---

① O'Neill, 2006.

图4-35 1959年邮票上的三角洲工程,由莱克斯·霍恩(Lex Horn)设计

图4-36 1955年的拦海大坝。摄影:卡斯·奥图里斯(Cas Oorthuys)

图4-37　正在建设的哈灵水道大坝（左）和布劳沃斯水坝大堤（Brouwersdam）（右）。摄影：阿尔特·克莱因（Aart Klein）

垦土地，并通过扩大淡水供应提高生产力。工业和港口的发展逐渐赢得了重要性，并最终成为决策过程的关键部分。在经济政策分析局对三角洲工程的空间布局和财务论证中，鹿特丹港口的发展起着关键作用。鹿特丹港被视为一级国家资产。

　　这两个项目在空间规划中也都扮演了重要角色：须德海工程是在中央政府监督下探索空间规划新策略的实验场，三角洲工程是这种策略应用于国家边缘地区的实践。但是，空间规划的最终影响尚不完全明晰。尽管对于阻止大城市的蔓生发展以及平均分配城市和经济发展的需求达成了普遍共识，但对于如何实现这点仍存在很大分歧。例如在建设新港口和城镇方面，南霍兰德省和荷兰自然保护协会与鹿特丹市议会、公共工程及水管理局以及国家空间规划局产生了冲突。

　　在这场冲突中，尤其是在《空间规划第二政策文件》中，一些事情开始发端，并将在三角洲的发展中扮演重要角色，如对自然的重视，对拥有知识和经验的地方团体的重视。在三角洲工程的第一阶段，布里斯湖弥补了戴比尔自然保护区的损失，赫雷弗灵恩河被设计为大型国家自然保护区，当地社区的抗议活动仍然受制于国家利益。然而，来自自然保护和当地利益相关者的压力在之后工程的变化中扮演了重要角色。建造东斯海尔德河风暴潮屏障（"东斯海尔德河之战"的结果）的内阁决策不仅是高潮，更是完成封闭三角洲这个宏伟现代项目的开始。

第五章 自适应三角洲的都市化

I 变化的环境

现代项目中的断裂

20世纪60年代后期是荷兰空间规划和水利工程的高峰。《空间规划第二政策文件》带动了阿尔梅勒、皮尔默伦德（Purmerend）、祖特梅尔（Zoetermeer）、斯派克尼瑟（Spijkenisse）和赫勒富茨劳斯等城镇的建设，以容纳大城市过剩的人口。与此同时，三角洲工程也在顺利进行。（见图5-1）

这个时期也见证了重大变革的开始。尽管现代工程的合理化以及农业、工业、交通系统、城市规划和水利工程一体化在20世纪60年代达到了高潮，但这些政策领域不久开始迅速瓦解。经济、环境、文化、政治、金融、空间规划和气候变化等方面的发展破坏了空间规划与作为社会和空间支点的土木工程的一致性。

人们对空间和城市规划，水利工程和水管理的角色展开了激烈的辩论，产生了意见分歧。在20世纪70年代，重大水利工程项目不再被默认

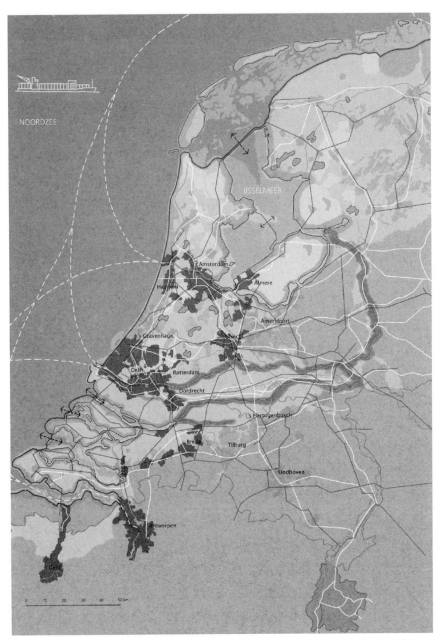

图5-1　荷兰于2015年完成"还地于河"项目后，阿姆斯特丹和鹿特丹一海牙大都市区的各种海岸加固和城市发展。三角洲的"侧翼"、艾瑟尔湖地区和西南三角洲正在发展成为蓝绿三角洲，并恢复了河口的自然资源。绘图：提克·鲍马

为民族自豪感和荣耀的来源以及现代城市和空间规划的典范。这两个学科曾在50和60年代携手合作,现在则必须适应新的现状。

20世纪末期和21世纪初期的特点是不断变化的环境和不断变化的任务,以及由于这两种变化引发的空间规划方法和范式的转变。在此期间,人们对水管理、空间和经济发展之间的关系以及民族国家的角色这些问题的思考和处理方式发生了根本变化。

对自然、景观和环境的逐渐重视

从20世纪60年代开始,社会上关于自然、景观和环境品质的讨论越来越激烈。1972年,一个名为"罗马俱乐部"的国际科学家小组发表了报告《增长的极限》①。该报告警示,由于西方社会工业化和消费的无节制,造成了日益加剧的环境污染和资源枯竭。该报告引发了公众对付出努力保护地球上丰富的资源、动植物以及长期生活品质的重要性的大讨论。从那时起,词语"可持续性"进入关于工业化和基础设施建设与自然和环境之间关系的讨论。行动团体和批判主义科学家联合抗议新工业用地的开发、道路建设、堤防加固和土地开垦计划。例如,环保组织和地方行动团体成功阻止了横跨中代尔夫兰(Midden-Delfland)的A4高速公路的建设,以保留鹿特丹–海牙地区仅剩的开放绿色空间。在河溪流域,环保组织和地方行动团体结盟,集体抗议抬高、加固和移动堤防,因为这些干预措施不仅对自然和环境有直接影响,还会破坏河流景观中的文化和历史价值。②

当时的"东斯海尔德河之战"(详见第四章)是这种社会趋势的组成成分。艾瑟尔湖圩田也同样面临压力。在强烈的反对声音下,最后一个大规模的土地开垦项目——马克华德圩田在1986年被推迟,并最终在

---

① Meadows *et al.*, 1972.
② Bervaes *et al.*, 1993.

2003年被取消。这个案例的另一个关键因素是,扩大农业用地(最初是为了建设圩田)不再具有最高优先权。战后农业生产力的惊人增长使得对进一步扩大土地面积的需求逐渐减弱。

气候变化

针对气候变化的讨论推动了对三角洲自然系统的更多关注。在1993年和1995年,由于从中欧排放的大量雨水和冰融水的汇集,濒河地区达到了极高水位。这导致了1995年莱茵河沿岸德国城镇以及荷兰东南部林堡省(Limburg)马斯河沿岸村庄和土地遭受洪灾,所属的芬洛市(Venlo)部分地区也被淹没。为避免更大规模的损失,中部的海尔德兰省疏散了25万人。在这两年中,在洛比特(Lobith,莱茵河进入荷兰之处)测得的峰值流量约为每秒12 000立方米,而通常平均流量是每秒2 200立方米。特别是在20世纪下半叶,莱茵河的超高水位出现得更加频繁。[①]

这两个极端事件清楚地表明,气候变化也将对荷兰产生影响。多年来,科学家们一再警告,气候变化的速度比以前想象的要快,而且这种变化将对整个地球产生重大影响。在联合国的倡议下,政府间气候变化专门委员会(IPCC)于1988年成立,以监测气候变化的程度、原因和影响。气候变化及其带来的海平面上升或下降等影响并不是最近才出现的,而是一个漫长演变的过程。早在18世纪,工程师克鲁奎斯就注意到了海平面一直在稳步上升。19世纪,人们开始通过频繁测量来监控这个过程。在三角洲工程施工期间开发的概率计算方法被用于预测特定强度的风暴潮发生的频率。这种预测部分基于对海平面的测量。这些测量表明,海平面在一个世纪上升了约20厘米。自1992年以来,借助卫星图片可以更准确地测量海平面的上升。政府间气候变化专门委员会、荷兰皇家气象

---

① Parmet *et al.*, 2001.

局(KNMI)和其他机构的观测指出,由于全球变暖,冰川和极地冰盖的融化加速,海平面上升的速度将更快。

　　气候变化的另一个影响是降雨模式的变化,主要表现在强降雨和干旱期的延长。这种变化导致河流水位变化走向极端,超高峰值流量时期与极低水位时期交替出现。[①](见图5-2、图5-3)

图5-2　1995年2月,在迪尔斯泰德附近韦克(**Wijk bij Duurstede**)的下莱茵河(**Nederrijn**)水位高涨。在1995年1月和2月,持续的极端河流峰值流量导致水位大幅上升,几处堤防几乎溃决。约有20万人从周围的马斯和瓦尔地区(**Land van Maas en Waal**)、欧依圩田(**Ooijpolder**)、贝姆雷瓦德(**Bommelerwaard**)和贝图韦(**Betuwe**)地区撤离

---

①　Ligtvoet *et al.*, 2011.

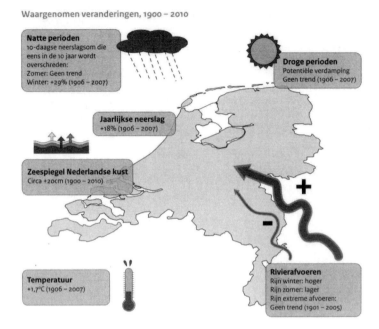

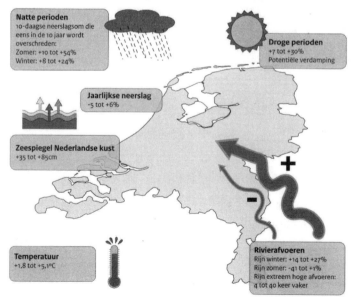

图5-3　荷兰皇家气象局研究了1900年至2000年期间的气候变化及其影响，以及到2100年可能的气候变化趋势

自20世纪90年代以来,关于气候变化的国际政治和科学辩论一直围绕着如何减轻气候变化以及如何适应预期的变化。诸如限制温室气体排放的缓解措施一直是国际政治复杂谈判的主题。在此期间,各大国际会议,如1992年的里约热内卢会议、1997年的京都会议、2009年的哥本哈根会议,以及2015年的巴黎会议,推动了一系列公约的签署。但是,所有这些公约仅对减少二氧化碳排放作出了远景规划,近期我们不得不接受气候变化会继续加剧的现实,这也使得适应变得更加重要。适应措施包括减少极高水位的影响,并根据海平面上升和峰值流量的增加调节河水的存储和排放。

全球化与"下一代经济"

20世纪60年代后期,荷兰已经发展成为一个现代化工业国家。不仅纺织和造船等传统行业实现了广泛的现代化,而且冶炼、汽车、飞机制造以及石化产品等重工业也得到了发展。受荷兰空间规划和住房政策中房屋建造计划的推动,建筑业也经历了大规模的工业化,成为荷兰最大的雇主行业。

然而,发端于20世纪70年代的一些事情最终扭转了局面。造船和纺织公司将其生产中心移至东欧和亚洲的低薪国家,那些未能成功转移生产中心的公司则在80年代纷纷破产,因为他们在生产成本上无法与国外竞争对手抗衡。石油化工部门也遇到困境,作为世界第二大石油化工基地的鹿特丹深受影响。1973年,荷兰由于在以色列对抗埃及和叙利亚的战争中支持以色列而受到产油的阿拉伯国家的抵制。这场危机导致石油价格急剧上涨。局势动荡的中东在1979年爆发了第二次石油危机,使石油价格进一步上升。工业基地的关闭和石油价格的上涨导致了80年代的经济危机,并引发了漫长的经济和社会改革。

世纪更替之后,明星作家理查德·佛罗里达(Richard Florida)和查尔斯·兰德利（Charles Landry）①的出版物大获成功，"创意经济"和"知识经济"风行一时，荷兰作为创新（荷兰语为Nederland Ondernemend Innovatieland）的中心被介绍给世界。

与此同时，杰里米·里夫金（Jeremy Rifkin）所谓的"第三次工业革命"②不仅涵盖了经济领域，甚至席卷整个社会。由新兴信息和通信技术推动的这场革命从根本上改变了社会形态。与战后几十年间的第二次工业革命的最大不同是，新工业革命似乎不需要民族国家的积极支持也能够主导社会的各个部门和阶层。新兴信息与通信技术（ICT）以及互联网和社交媒体加快了"网络社会"的发展，远远超出了1996年《网络社会的崛起》作者曼纽尔·卡斯特（Manuel Castells）的猜想，③继而引发了一种新的经济和社会文化。在这种文化中，企业、商业和建立联系的方式超越了现有的框架和机构，甚至跨越了国界。快速便捷的互联网通信极大地提高了与世界另一端交流的效率。第三次工业革命进一步促进了经济和文化的全球化。根据经济政策分析局的说法，这使劳动力市场变得更加复杂，以至于各国政府越来越不了解劳动力市场的运作方式，更不用说对其进行控制。跨国企业或部门之间的协作以及新的专业化和国际劳工市场的建立变得越来越容易，中央政府几乎无法操纵这个进程。④

除了关注新的"创意"经济，关于"下一代经济"的讨论日益侧重于可持续发展。特别是自2008年经济危机爆发以来，发展的基础逐渐从化石燃料转向其他能源，并开始大幅减少和再利用废物资源，也就是所谓的"循环"经济。

这些转变对港口和航运产生了不利影响。在21世纪之交，港口经济学家注意到区域性港口集群发展的趋势和需求，这些特定区域内的港口需要协调相互的活动而不是相互竞争。⑤鹿特丹港务局于2004年私有

---

① Florida, 2002; Landry, 2000.
② Rifkin, 2011.
③ Castells, 1996.
④ Akçomak *et al.*, 2010.
⑤ De Langen, 2003; Wang *et al.*, 2007.

化,它参与多德雷赫特、弗利辛恩、泰尔讷曾甚至德国的杜伊斯堡港口的建设和发展,以建立区域网络。鹿特丹港口还计划与比利时的安特卫普港口进行合作,[①]不仅运筹协调货运量,而且改变两个港口的运营方式。根据咨询机构"弗拉芒-荷兰三角洲"(Flemish-Dutch Delta)2011年出版物的论断,明日的港口将越来越依赖可持续性和知识。[②]为了取得成功,必须聚焦于可持续运输、储存、转运以及使用可持续能源和其他资源。为了成为该领域的世界领导者,必须依靠知识的创造、研究、创新以及与知识机构和研究中心的紧密合作。

去中央化和私有化:"工程师" 垄断的终结

政府对文化和环境问题的关注和兴趣日益增加,逐渐放弃了自己对水利工程以及城市和空间规划的主导地位。这种转变受到左右两翼的批判。在左翼,普罗沃(Provo)抗议运动曾在20世纪60年代呼吁反抗"摄政王",扩大公众影响力和民主。据詹姆士·肯尼迪(James Kennedy)所述,摄政王迅速屈服。加上学生抗议和社区组织反对拆迁其邻里,这个呼吁在社会各阶层引起了广泛的民主化浪潮。[③]该运动的一个重要特征是,主要关注诸如越南战争、发展援助和核军备竞赛等国际政治问题。其结果是,民族国家、民族认同和不言而喻的政府权威的观念迅速消失。

右翼对左翼批判国家的回应并没有帮助恢复国家权威,而是进一步加速了对国家权威的破坏。从20世纪80年代开始,以"撤销政府"为主要目标的新自由主义意识形态在西方世界的政治和意识形态格局中占据主导地位,这是由英美两国领导人玛格丽特·撒切尔(Margaret

---

① 鹿特丹港务局(Port of Rotterdam Authority),2012。
② Vanelslander et al., 2011.
③ Kennedy, 1995.

Thatcher）和罗纳德·里根（Ronald Reagan）领导的一场革命。20世纪80年代末期，苏联的解体进一步推动了新自由主义的思想。弗朗西斯·福山（Francis Fukuyama）所著的《历史的终结》成为畅销书是一个例证。[1]

简而言之，新自由主义者认为国家的作用应被最小化，最大的自由应授予"市场"。注重效率、顾客至上和利润的私营企业甚至成为国家扮演角色的榜样。在美国人的启发下，"新公共管理"[2]的想法鼓励政府机构遵循"市场驱动"，将自己视为企业，将公民视为"顾客"或"客户"。

负责水利工程和空间规划的政府部门没能逃脱按照新的公共管理原则进行重组的命运。在2000年至2010年期间，交通、公共工程和水管理部，住房、空间规划和环境部，以及其支持和执行机构——公共工程及水管理局和国家空间规划局，都进行了全面调整。公共工程及水管理局的部门和委员会被私有化或合并。由总工程师领导的区域委员会被并入较大的部门，由毫无工程背景的人员管理。由于任命了具有法律、经济或商业背景的管理者，"工程师垄断"[3]的局面被打破。公共工程及水管理局必须从自身拥有知识储备的全能雇主转变为更具监督性的"专业委托机构"[4]。这种运作模式在1997年建造位于新沃特伟赫河的马斯朗特防洪屏障时已经进行了尝试。与其他的三角洲工程项目不同，公共工程及水管理局并未自己设计屏障，而是采取了招标的方式。中标者完成风暴潮屏障的设计和建造，并在数年内对其进行管理。在组织内部，人们逐渐意识到这种转变带来的风险，尤其是技术知识的流失。由于多年维护不足，东斯海尔德河防洪屏障在2013年面临严重风险。在设计和建造屏障时，根据计算，强潮将在基础后面造成深水道，每年必须用泥沙填满这些水道，

---

① Fukuyama, 1992.
② Lane, 2000.
③ Metze, 2009, p.259.
④ Metze, 2009.

以防止基础沉降。但是这种技术在公共工程及水管理局重组后消失了。现在没有人意识到需要定期填充水道，无人管理的状态持续了整整十二年。许多参与设计和建造的退休工程师紧急致信首相，才得以挽救该屏障，避免了无法弥补的损失。[①]

与此同时，空间规划也发生了重大变化。从20世纪70年代起，空间规划与福利国家宏伟计划之间的直接联系逐渐减弱，并最终完全消失。在90年代，空间规划与住房之间的联系最终被打破，"市场力量"和"放宽管制"的宏大项目得以启动。

民众对自然和文化资产的兴趣加深、对气候变化的关注日益增加、全球经济兴起、新自由主义崛起，这些变化结合在一起，使许多以前被视为理所当然的事情遭到了怀疑。在20世纪，水利基础设施、空间发展和民族国家思想之间的协同烟消云散。在这种变化与瓦解的背景下，21世纪初荷兰面对着从根本上修改整个空间规划和防洪体系的需求。

Ⅱ 一项不断变化的任务：都市化以及 还地于三角洲景观

战后几十年来，三角洲景观、水管理、空间规划与社会之间的联系被削弱。这并不意味着荷兰不再有任何计划或战略。相反，从20世纪90年代开始，新的计划和设计针对荷兰三角洲提出了与之前大不相同的发展理念，主要包括：

- 促进大都市化——与之前的政策相反；
- 为河流、海岸和河口三角洲景观的形成动力创造条件。

---

① 《工程师》(De Ingenieur)，2013年8月30日。

大都市化

前奏：城市复兴和主要水系的中心角色

经济转型使得检视城市的角色和新的城市增长成为可能，也变得必要。在20世纪70年代，鹿特丹港口结构的变化使城市的活动向西转移，市内的老港口得以重新利用。1976年鹿特丹发布了政策文件《重组港口用地》，列出了用于扩大住房存量的可能地点和机会。这样的举措是城市迫切需要的。因为，20世纪60年代中期以来，在荷兰的主要城市，尤其是鹿特丹，住房短缺迫使许多居民搬到周围的城镇。

鹿特丹的人口数量从1965年的74万下降到了1976年的61万。1974年，选举产生了鼓励城市更新的新市议会。旧港区可作为新住宅建设的场所，用来补偿城市更新区房屋拆除和合并造成的住房损失。1985年后的头几年，人们对社会住宅的关注转移到在旧港区创建一体化的城市环境，其中以发展"南方之端"（Kop van Zuid）为代表。受其他国家（尤其是美国）城市的启发，鹿特丹开始通过开发新的滨水环境吸引新的经济活动和居民，尤其是高技术居民。

新的滨水环境是荷兰当时感到陌生的一种城市发展形式，其基础是高密度、功能和人群的广泛融合，以及设计精美的公共空间。滨河的美景极大地促进了这座水上新城的成功，改变了河流本身的意义，从把城市分为两半，变成了城市空间的开放式空间以它为中心。标志性新伊拉斯谟大桥象征着这条河的角色转变。在1975年至2010年期间，鹿特丹在河滨建造了15 000多套住房，以及大量的办公空间、餐厅、酒吧、酒店、商铺、经营场所和学校。与此同时，河流的角色和意义被重新诠释为城市景观的特征。这种城市景观本质上是三角洲景观，其中河流、堤外河岸和堤内区域之间的差异是循序渐进的。这条河流被鹿特丹城市发展部门重新开发，并成为他们工作的重心。（见图5-4、图5-5）

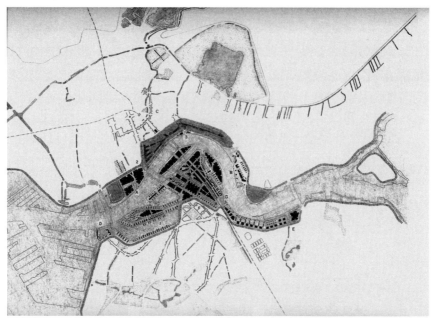

图5-4 约1990年时鹿特丹的河道景观，为"南方之端"发展计划所绘。绘图：保罗·阿赫特伯格（Paul Achterberg）

图5-5 1995年鹿特丹的新河岸。绘图：阿尔扬·克努斯特（Arjan Knoester）

阿姆斯特丹艾河沿岸的发展遵循类似的轨迹,并在20世纪90年代,建设了艾桥(IJburg)。海牙也进一步提升了其作为"滨海大都市"的形象。[①]荷兰主要城市的发展政策开始从反大都市化转向着力于大都市发展。其中一个关键因素是,人们发现三角洲的主要水域(河流、港口和老入海口)有助于营造新的城市氛围。

大都市辩论

虽然城市复兴最初是由城市自己发起和组织的,但在20世纪90年代人们开始讨论对大规模城市化的需要。荷兰的反大都市化和平均分配模式成为国际学界批判的目标。1978年,一位名不见经传的建筑师雷姆·库哈斯(Rem Koolhaas)出版了一本书,名为《癫狂的纽约》。他嘲笑了现代建筑和城市设计的平均主义,颂扬了纽约这样充满多样性和活力的城市。在纽约,相对集中的人力和相对自由的经济活动产生了强大的社会动力。在之后的几十年中,库哈斯发展城市的倡导演绎成多种版本,最近的巅峰之著是哈佛大学经济学家爱德华·格莱泽(Edward Glaeser)2011年推出的《城市的胜利》。格莱泽认为,城市不是对文明和进步的威胁,而是人类最伟大的发明,是文明、文化、经济增长和进步最大化的前提。美国政治学家本杰明·巴伯(Benjamin Barber)强调,城市的发展具有重大的政治意义。无论民族国家的政策如何,城市通常都能繁荣发展。他的著作《如果市长统治世界》的副标题是"功能障碍的国家,正在崛起的城市。"[②]在巴伯看来,民族国家是一种负担而不是生产力因素,"如果市长统治世界",世界将会变得更好。荷兰的一些市长顺势将他的思想应用于推进新的"大都市区"的形成。有关内容,我们将在稍后详述。

有关荷兰城市化的新思路在很大程度上要归功于代尔夫特理工

---

① 见"海牙结构前景2020——海滨的世界城市"(Structuurvisie Den Haag 2020—Wéreldstad aan Zee)。海牙市议会,2005。
② Barber, 2013.

大学的教授德克·弗里林（Dirk Frieling）在20世纪90年代发起的"大都市辩论"。[1]弗里林成立了三角洲大都市协会，最初是为了加强兰斯塔德四个主要城市（阿姆斯特丹、鹿特丹、海牙和乌特勒支）之间的合作伙伴关系。在服从中央政府数十年的政策管制后，这些城市看到了追寻自身目标和需求的机会。弗里林指出，"大都市辩论"是由欧盟的崛起引发的。荷兰城市化政策的参考框架不再是兰斯塔德与兹沃勒（Zwolle）、阿纳姆（Arnhem）和埃因霍温（Eindhoven）等荷兰城市之间的关系，而是兰斯塔德与欧洲大都市网络之间的关系。[2]有了这个新的参考框架，就需要将"城市散布"的兰斯塔德转变为一个粘连且有活力的大都市，以与欧洲其他大都市竞争。"大都市辩论"和三角洲大都市协会迅速终结了国家的大都市化禁忌，把整个构想从异类变成了政策目标。（见图5-6、图5-7）

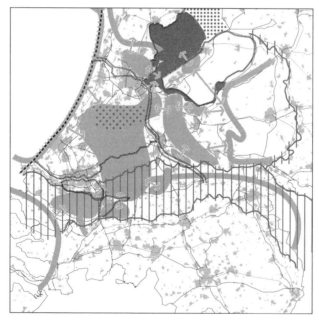

图5-6　蓝绿结构的基础图。源于《2040年兰斯塔德结构愿景》，基础设施及环境部，2008年

---

① Frieling (ed.), 1998.
② Frieling (ed.), 1998,第9页。

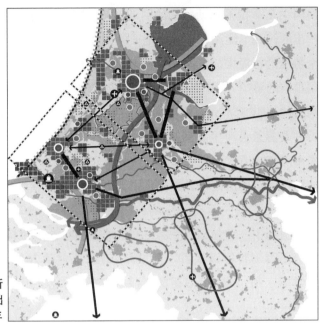

图5–7 《2040年兰斯塔德结构愿景》，基础设施及环境部，2008年

还空间于三角洲景观

日益增长的公众和政治对自然的关注，导致了把自然和景观（最初主要是河流景观）作为设计任务的热衷。

1999年签署的《保护莱茵河公约》对荷兰三角洲极为重要。早在20世纪70年代，荷兰政府提出了相关倡议，因为政府需要应对港口和新沃特伟赫河严重污染的棘手问题。亨克·赛斯（Henk Saeijs）是第一位被三角洲部雇用的生物学家，在60年代后期开始了在该部的工作。他在检查三角洲水域状况时震惊地发现哈灵水道的河床被一层淤泥覆盖，某些位置的淤泥厚度甚至超过一米。[①]淤泥含有大量镉和汞等重金属，这些重金属主要来自河流上游的德国、比利时和法国的工业区。在1970年，这

_____

① 　Saeijs, 2006.

条河中几乎找不到动植物的活动痕迹。因为污染严重,疏浚港口和航道挖出的污泥不能用于填高土地或倾倒在海中。在马斯弗拉克特建立的一个特殊的污泥堆放场虽然可以减轻数年的负担,但从长远来看需要一个更根本的解决方案。莱茵河沿岸的各个国家于1999年签署了《保护莱茵河公约》,规定不允许将废水排入河中,并且尽可能恢复河岸景观。这是旨在改善莱茵河生态系统并使之可持续的第一份国际条约。根据公约,原本隔离哈灵水道与公海的水闸将在正常情况下永久保持"半开"状态,使鲑鱼等迁徙鱼类得以游向大海或者河流的上游。这意味着,哈灵水道将再次受到潮汐运动的影响,并且恢复部分咸水环境。这个项目在社会上引起了一些抗议,特别是来自那些担心淡水供应的农民,迫使荷兰政府不得不暂停该项目。2014年,政府决定从2018年起不再使用哈灵水道的水闸。此外,移动戈尔瑞–欧文弗雷克岛上的淡水入口,以保障淡水供应。

在20世纪80年代,即公约签署之前,荷兰做了一些先锋尝试。1986年Eo Wijers基金会组织举办了一次关于荷兰中部濒河地区未来发展的设计竞赛。该基金会的设立是为了鼓励在区域一级进行空间设计,以弘扬Eo Wijers的精神。[①]获奖的作品来自一群年轻的景观设计师,他们的设计尝试加宽河床以及在某些地方刺穿夏堤,以恢复濒河地区的自然动力。这将改善包括鹳在内的各种鸟类的自然栖息地,因此该设计被称为"鹳计划"。[②]加宽河床而非增加堤防高度的方法回应了公共工程及水管理局巩固濒河地区堤防的计划。当时巩固堤防计划遭遇了激烈的抗议,因此于1992年成立了一个由议员基斯·博埃蒂安(Kees Boertien)领导的政府特别委员会。[③]鹳计划是巩固堤防计划的主要替代方案。

---

① 1960年代后期,Eo Wijers被任命为国家规划部部长。他临终前留下了一小部分遗产,鼓励区域层面的设计,关注城市与景观之间的关系。这也是Eo Wijers基金会第一次设计竞赛的主题。

② Leeflang, 1986.

③ Bervaes *et al.*, 1993.

在加固海岸线方面,人们越来越多地采用新方法,巧妙利用风、水流、潮汐和沉积物的自然动力。朝这个方向迈出的关键一步是把马斯弗拉克特建设成鹿特丹向海延伸的港口。这片新生的土地向海洋延伸了很长一段,在荷兰角海岸北侧形成了一个新的浅滩。沿海洋流对该地区不再有任何影响,因此荷兰角的海岸线会大幅拓展。这块土地从20世纪70年代开始被围垦,现在已经发展成为一个沙丘和海滩区,与先前的沙丘路线走向几乎相同。追随这个主题,尤其是南霍兰德省议员、水利工程师罗纳德·沃特曼(Ronald Waterman)呼吁,用同样的方法扩大南霍兰德海岸的大部分区域。他声称这将解决海牙和荷兰角之间沙丘稀薄和脆弱的问题。沃特曼把相同的"与自然共建"的方法传播到世界上许多沿海和三角洲地区。[①](见图5–8、图5–9、图5–10、图5–11、图5–12)

21世纪初以来,南霍兰德省、公共工程及水管理局、水务委员会和自然保护机构一直合作开展"自然三角洲"(*Deltanatuur*)计划。该计划的目的是在莱茵河和马斯河河口创造2 400公顷的新湿地。基于该计划

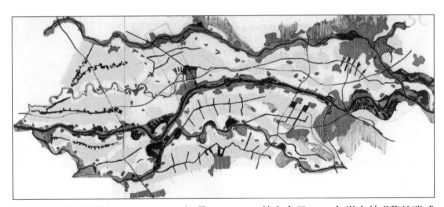

图5–8　"鹳计划"(Plan Ooievaar),是 Eo Wijers 基金会于1986年举办的"荷兰瑞威伦兰德"(Nederland Rivierenland)竞赛的获奖设计。设计团队:布朗、哈姆豪斯、范·纽文豪斯、欧文马斯、西蒙斯以及瑞拉(D. de Bruin、D. Hamhuis、L. van Nieuwenhuijze、W. Overmars、D. Sijmons 和 F. Vera)

---

① 这些研究是他在代尔夫特理工大学博士期间的成果。见 Waterman, 2012。

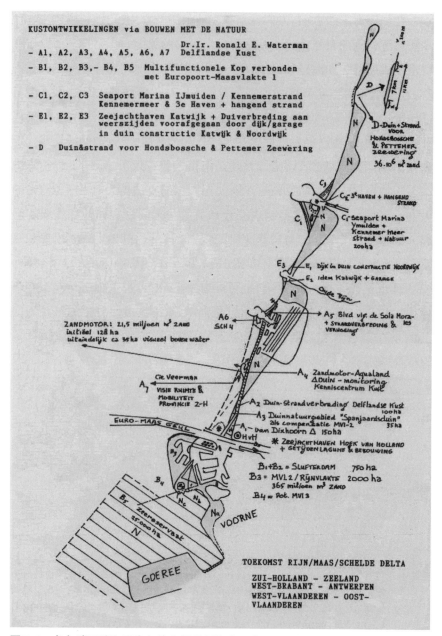

图5-9　戈尔瑞西端和登海尔德之间的新海岸开发，2012年罗纳德·沃特曼（Ronald Waterman）的设计

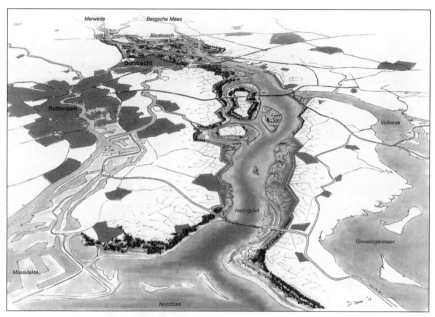

图5-10 艺术家描绘的世界自然基金会的"张开双臂拥抱自然计划",2011年。绘
图:潮流事务所(Bureau Stroming)

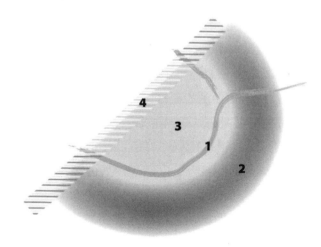

图5-11 莱茵河–斯海尔德河三角洲合作组织设计的"蓝绿三角洲",2006年。(1.三
角洲水道;2.城市景观;3.蓝绿色心脏;4.三角洲海岸)

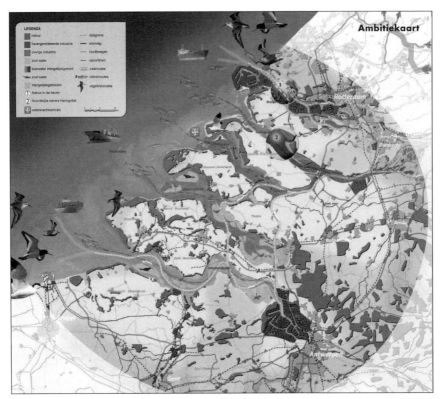

图5–12　鹿特丹港务局和世界自然基金会预想的自然三角洲开放港口，2013年

以及克斯丹萨（Costanza）等人的见解，世界自然基金会于2010年提出了"张开双臂"（荷兰语中的"入海口"一词，双关语）计划，呼吁拆除三角洲工程中的所有水坝和风暴潮屏障，完全恢复西南三角洲入海口的河口动力。

　　"自然三角洲"也被视为促进经济发展的关键因素。港口经济和知识经济相互关联，意味着必须为知识经济创造优越的条件，例如有吸引力的城市环境和景观。三角洲景观具有无限的潜力，为城市滨水区的休闲娱乐和自然体验提供了充足的机会。相同的思想植根于莱茵河–斯海尔德河三角洲合作组织（RSD）。该组织包括荷兰和弗拉芒的政府机构、港口当局和企业。2006年该组织出版《三角洲地图集》，表述了针对整个西南三角洲的一项新战略。[①]该战略提出了一种经济、环境与城市规划之间的新关系，即"蓝绿三角洲"概念，指的是人口稀少的岛屿和河口地区主要扮演自然发展和休憩去处的角色。这个蓝绿三角洲的周围是"马蹄形"的城市区域，包括鹿特丹和安特卫普港口等主要的经济增长和城市发展地区。后者与多德雷赫特、莫尔代克、弗里辛恩、泰尔讷曾、布鲁日和根特形成了连通的城市网络。

鹿特丹港务局于2012年发布了政策报告《港口指南针2030》(Port Compass 2030)，致力于将鹿特丹港发展成世界上最清洁、绿色和可持续的港口，并在可持续港口技术领域引领世界市场。这涉及与安特卫普的合作，特别是安特卫普当局对三角洲自然可持续性的责任。然而，第二代港口马斯弗拉克特的建成和使用与自然保护机构之间仍然存在着激烈的冲突。自2013年起，鹿特丹港务局和世界自然基金会决定共同努力，为自然三角洲中的开放港口发起新的项目。

Ⅲ　不断变化的方法：分层、预防及适应

不断变化的设计任务引出了一个问题：如何协调都市化和三角洲景观空间这两个目标？一种新的设计和规划方法应运而生，即把城市化三角洲视为一个分层的系统，其中各层具有不同的动力，必须为它们留有空间。这完全不同于战后几十年来强调协同空间发展。现在的重点是预防而不是团结，减少水灾风险的责任不仅由民族国家承担，而且越来越多地由地方当局和私营部门承担。

[①] Verbeeck *et al.*, 2006.

城市三角洲景观的复杂分层

在城市复兴时期,人们重新认识到主要景观结构对城市的重要性。这些景观结构与城市发展模式之间的关系再次成为设计研究的主题。弗里茨·帕姆鲍姆(Frits Palmboom)的著作《鹿特丹——城市化的景观》(Rotterdam verstedelijkt landschap)描述了三角洲景观对鹿特丹的城市结构产生的影响。当现代主义城市规划或战后重建否认或忽略了这些景观结构时,重大问题和冲突就会发生。[①]他的研究是基于城市景观的复杂分层以及影响城市景观的复杂动力进行设计的一个例子。

在同一时期,景观设计师德克·西蒙斯(Dirk Sijmons)引入了"框架概念"(荷兰语中的casco-concept),[②]呼吁空间规划应基于"景观环境以及包括堤防和道路在内的基础设施网络的组合特征"。这些基础设施应足够坚稳,以吸收气候、排水、交通和运输系统的长期波动。在此框架内,地方当局和私营部门在制定城市或农业用地计划方面将有一定的自由度。这是西蒙斯协助制定的鹳计划的扩展。瓦赫宁根(Wageningen)绿色世界研究所(Alterra)的环境研究员赛布兰德·贾林吉(Sybrand Tjallingii)提出了类似的概念,即《生态条件》中描述的"两网战略"。[③]

帕姆鲍姆、西蒙斯和贾林吉提出的方法是一种国际流行方法的荷兰版,其主要倡导者包括美国景观设计师伊恩·麦克哈格(Ian McHarg)和法国历史学家费尔南·布罗代尔(Fernand Braudel)。

早在1969年,麦克哈格出版了著作《设计结合自然》,对美国城市规划的实践进行了猛烈抨击。当时规划的做法是在河岸和低洼地带建设城市,这极大地增加了美国大部分人口遭受洪灾的风险,并破坏了许多动植

---

① Palmboom, 1987.
② Sijmons, 1991.
③ Tjallingii, 1996.

物的群落。麦克哈格识别和绘制北美不同地区的景观层，对这些地区进行分析。他将这些层之间的关系视为一个连贯的系统，就像物理学和生物学中的系统一样，运动最慢的部分对系统的长期生存潜力影响最大。麦克哈格认为，空间设计必须专注于研究和理解空间的特性和动力学机制，然后为这些特性（例如水的动力学机制）创造空间，并把这个空间作为指导其他发展（城市规划、基础设施）的框架。①

在历史研究领域，法国的年鉴学派（Annales school），尤其是费尔南·布罗代尔（Fernand Braudel）提出了类似的观点。在国家、人民和地区的历史中，布罗代尔区分了长期、中期和短期过程。短期包括政治和宪法变化，中期涉及社会经济条件的变化，而长期则是地理和文化的变化。长期过程通常非常缓慢，但从长远来看对社会和自然景观都具有决定性的影响。②

复杂分层系统理论为人为干预这些系统的可能性和影响提供了新的思路，强调它们的发展是不可预测的，长期情况是不确定的。为了阻止系统被自身的局限性压垮，创造充足的条件促进系统以多种方式发展是重要的。③

把城市化景观视为复杂分层系统也是"大都市辩论"的关键。由莫里斯·德霍荷（Maurits de Hoog）、德克·西蒙斯和桑·弗斯修仁（San Verschuuren）开展的一项题为"重新设计低地"（Herontwerp van het Laagland）的研究进一步阐述了西蒙斯的"框架概念"。④研究将空间系统视为三层组合，即基础层（base layer）、网络层（network layer）和应用层（occupation pattern layer），每层在时间轴上都有不同的动力学机制。基础层是变化最慢的一层，但对其他两层具有决定性的影响。气候变化、海平面上升、河流流量增加的物理影响主要体现在基础层上。网络层的变化

① 麦克哈格（1969）发展了一个关于城市化景观的高度复杂的分层模型，包括3+8+17层。他的一个名为Meto Vroom 的荷兰学生，后来成为瓦赫宁根大学景观建筑学的教授，于20世纪70年代将麦克哈格的观点精髓引入了荷兰。Vroom 的同事将麦克哈格的复杂模型简化到了一个包含三层的系统：非生物的、生物的和人类的。见Kerkstra等，1976。
② Braudel, 1966。他的"长期"（*longue durée*）的概念也影响了很多欧洲大学的城市形态学研究，包括代尔夫特理工大学。
③ Scheffer, 2009.
④ Frieling (ed.), 1998, pp.74-87.

更快,也决定了荷兰在国际网络中的地位。最后,应用层具有最快变化速度,决定了社会和空间的多样性、自然以及景观。

德霍荷等人呼吁一种国家空间规划的"条件设定"新形式。其中,中央政府仍将对影响两个"基本层"(基础层和网络层)的措施承担主要责任,为荷兰的防洪、淡水供应、交通可达性以及在国际环境中的位置创造条件。应用层则有所不同,它可能因地区而异,应考虑到特定的当地和该区域的环境。

此后,这种"分层方法"成为私人咨询公司、政府机构和规划机构起草有关空间发展研究和政策文件的一个特征。它以新的方式回答了哪些任务仍应视为中央政府的责任,哪些任务应进一步下放或私有化。《空间规划第五政策文件》于2000年出版,但未被政府采纳。①中央政府仍然过于强调第三层(应用层)的设计,尽管越来越多的共识认为权力应该下放给地方政府和私营组织。随后的政府政策文件《空间政策文件》(2005年)和《基础设施和空间结构展望》(2012年)可以看作是把中央政府的核心任务修订为关注"基本层"的尝试。(见图5-13)

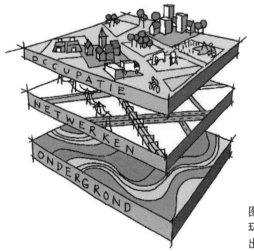

图5-13 住房、空间规划及环境部在各种政策文件中提出的"分层方法"

---

① 新的国家空间政策存在很多颇具争议的问题。因此,荷兰议会推迟了对第五政策文件的审批,并于2002年在新的中央右翼政府接任政权时敲响了丧钟。——译者注

一个应用于三角洲景观的分层方法：还地于河

　　在中央政府的发起和监督之下，于2000年至2015年间制订并实施的"还地于河"计划对整个荷兰的河流景观进行了重大改造。这是第一个基于水利基础设施、空间发展与自然之间的新关系开展工作的计划，也是应用分层方法的首次大规模实验。中央政府负责两个基本层，获得下放权力的地方当局和私营部门能够利用新的"框架"为城市发展创造条件。一个中央项目办公室负责设计和实施两个基本层，其中公共工程及水管理局扮演了重要角色。这个新框架具有双重目的：首先，增加河道容量以应对更加极端的峰值流量。据计算，到2050年，莱茵河的峰值流量将达到18 000立方米/秒，河床的容水量也将做相应调整；其次，河流景观的改造有助于恢复从陆到水的渐变。筑堤和河床变窄使得低地河流的特征在很大程度上消失了。早在1986年，"鹳计划"就提出，恢复这些特征将为复兴濒河地区的典型生物群落和生态系统创造条件。（见图5-14、图5-15、图5-16、图5-17、图5-18）

　　"还地于河"计划是由莱茵河、艾瑟尔湖、莱克河、梅尔韦德河（Merwede）和马斯河流域的39个项目组成的。每个项目都与地方行政人员和私人利益相关者进行了磋商，以在贯彻计划的总体目标时考虑地方部门的特定利益和愿望。在程序上，地方团体并不需要等中央项目办公室设计好两个基本层再去填补空缺。该工程设有一个特别的"品质团队"，其主要任务是确保在总体目标和地方项目之间取得最佳平衡。[①]一些宏大的项目因此得以实施。为了在水位极高时排放河水，河流周围圩田的堤防被降低，暂时淹没圩田，以加速河水排放，避免河水在上游积聚，造成洪水泛滥。最初的想法是全部撤离这些泛洪圩田上的居民，并买下

---

① "还地于河"品质小组，2012。

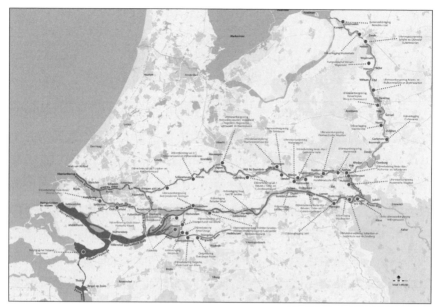

图5-14　"还地于河"方案

图5-15　位于奈梅亨的瓦尔河北岸的支流,这是还地于河计划的一部分,于2016年
完工。摄影:约翰·罗林克(Johan Roerink)/Aeropicture.nl

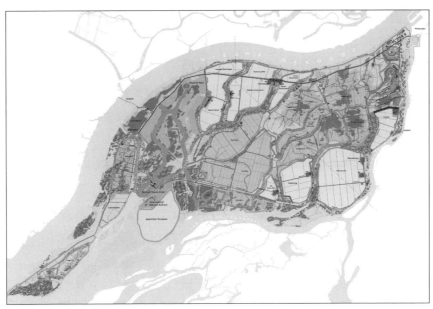

图5-16　罗伯德·德科宁景观以及公共工程及水管理局（Robord de Koning Landschapsarchitect/Rijkswaterstaat）的重新淹没诺瓦德圩田计划，2014年

图5-17　从北部看2015年的诺瓦德圩田。前景处有两个新河口，可在河水高涨时让水流入圩田。堤的一部分已被桥梁取代，在两个入口之间的土丘上建造了一个新农场

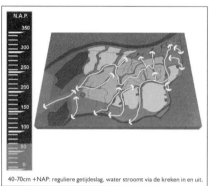

40-70cm +NAP: reguliere getijdeslag, water stroomt via de kreken in en uit.

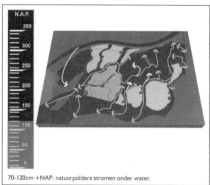

70-120cm +NAP: natuurpolders stromen onder water.

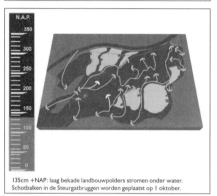

135cm +NAP: laag bekade landbouwpolders stromen onder water.
Schotbalken in de Steurgatbruggen worden geplaatst op 1 oktober.

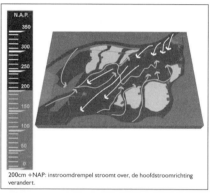

200cm +NAP: instroomdrempel stroomt over, de hoofdstroomrichting
verandert.

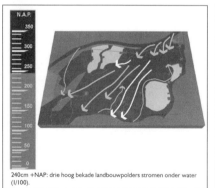

240cm +NAP: drie hoog bekade landbouwpolders stromen onder water
(1/100).

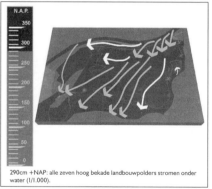

290cm +NAP: alle zeven hoog bekade landbouwpolders stromen onder
water (1/1.000).

图5-18 重新淹没的诺瓦德圩田在六种不同水位（高于平均海平面40厘米至290厘
米）情况下的水利作用

农场。但是，欧文低普斯（Overdiepse）和诺瓦德（Noordwaard）圩田的农民强烈抵制撤离计划。漫长的谈判后，最终决定在填高的土丘上重建农场。在这两个圩田中，在堤防顶部设计了疏散道路，并由跨越泄洪口的桥梁相连。

城镇所在地的问题更加突出，这里的河床最狭窄，通常是河流系统的瓶颈。如果城镇需要发展，需要进行复杂的谈判和大量的设计研究，以使河床得到适当的拓宽。在奈梅亨（Nijmegen），还地于河计划使得该市横跨瓦尔河向北延伸的计划产生了重大变化。最初，这些变化受到了强烈的反对，因为人们担心新区与城市之间的距离太远，造成孤立。最终的设计提出了一个河流支流的方案，形成了一个公园般的小岛。该方案受到了市议会和当地居民的一致推崇。

政府的还地于河计划明显响应了德霍荷等人在"重新设计低地"中分析和归纳的一系列观点和策略。该计划因此引起了很多辩论和争议。还地于河计划把河流系统作为"自然工程"而非土木工程，这与20世纪政府的做法背道而驰。在20世纪，政府主要采取了开凿运河、抬高堤防和缩窄河床这些土木工程方法。还地于河是文化上的根本转变，却得不到水利工程师的全力支持。代尔夫特理工大学水利工程教授兼防洪屏障技术咨询委员会（政府在该领域的主要顾问机构）成员汉·弗里吉林（Han Vrijling）称，"还地于河"是基于自然发展的政策，在防洪效果上存在一些误区。拓宽河床并不能改善防洪能力，会导致水流变慢和沉积速度加快，降低了河床的储水能力，最终增加了洪水风险。[①]

还地于河计划的实施周期相对较短（十年），是由现已被政府淘汰的关键规划决策（PKB）工具来实现的。[②]该工具于1972年推出，旨在为在国家层面具有重大意义的空间干预措施提供法律和财务框架，仅应用过几次，其他的用例如保护瓦登海、扩大阿姆斯特丹史基浦机场和建造鹿

---

① 采访 Vrijling, 见 Rooijendijk, 2009。
② 交通、公共工程及水管理部，住房、空间规划及环境部，以及农业、自然保护及渔业部，2006。

特丹——鲁尔铁路货运线(Betuwe Line)。具有讽刺意味的是,当新《空间规划法》于2008年通过时,PKB被废除了。这再次突显了荷兰社会和政治背景下"还地于河"的争议性质。还地于河计划是一项实验,是使用PKB工具在基本层与应用层之间取得新的平衡,在国家空间规划的条件设定形式与关注项目实施的地方之间取得新平衡。然而,到了21世纪初,政治环境使得中央政府甚至把这种形式的空间规划都视为过度介入。废弃PKB并没有易化实施"还地于河"实验。

预防原则:与不确定性共舞

在21世纪初,把三角洲景观视为一种分层系统(其中各个层不再严格关联),打破了另一条联系,即国家与风险管理之间的联系。

2008年,荷兰政府政策科学委员会(WRR)编写了报告《不确定的安全性》。基于此份报告,荷兰政府于一年后发布了《国家水计划》。这两份报告都强调了有关未来发展的不确定性,以及不能排除所有风险的事实,并追问如何应对这种不确定性。WRR的报告提到评估政府在确保民众人身安全方面所扮演角色的两个理由,即政府监管与社会行动自由之间的紧张关系日益加剧,以及对知识局限性和未来风险不确定性的意识日益增强。WRR指出,这些因素呼唤一个新范式。19世纪物质安全的范式是"责任",20世纪的范式是守护民族国家的"团结",而21世纪的新范式应为"预防"。 WRR认为这种转变对防洪政策具有重大影响——当然对此存在争议。

在战后的防洪政策中,团结原则反映于整个国家及全体公民的相同风险水平,其依据是"风险是概率和后果的产物"。① 降低风险水平被认为是中央政府的任务,主要通过最大限度地减少洪灾的概

---

① 见第四章(三角洲计划:具有科学依据的全面计划)。

率来实现,所谓"堤防亦是国家"。①国家甚至在防洪上拥有垄断地位。与其他大多数国家不同,在荷兰,个人无法为洪水造成的间接损失购买保险,因为损害可以严重到保险公司无力承保,尤其是在荷兰的西部地区。

但是,预防原则的引入破坏了这种国家垄断。新范式强调了系统的脆弱性和不确定性,以及在受到洪水等破坏时的系统弹性。因此,预防原则也强调了政府和社会的共同责任。政府和私营部门必须共同考虑如何评估和减少风险、不确定性和脆弱性。

2009年的《国家水计划》通过引入"多层级防洪"的概念扩展了这个原则。这意味着,除了最大限度地降低洪水风险外,还必须采取措施应对洪水的发生。因此,风险遏制不仅必须控制洪灾的概率,还必须减少洪灾带来的破坏。在良好的防洪屏障的帮助下降低概率仍然至关重要,并且是保护政策的"第一层"。其他两层旨在控制洪水造成的后果,包括设计露出洪水水面的空间(例如在土丘上建造)和人们能够从受灾区域快速撤离的通道系统。

这种范式的转变反映在还地于河项目中。在欧文低普斯和诺瓦德圩田的某些地区,堤围的高度降低了,圩田可用于在水位极高时临时排水。这些地区的农民自己发起项目,在堤顶道路旁的土丘上重建农场。这就在政府(采取行动增加这些圩田发洪水的概率)与私人(采取行动以控制因排泄洪水造成的破坏)之间建立了新的关系。

新的三角洲计划:自适应

在执行还地于河和海岸加固计划的同时,也有了一些后续行动的预想。整个防洪系统是以1961年《三角洲法案》的理念和标准为基础的。

---

① Van der Pot, 2006.

但是,还地于河计划明确指出,在濒河地区这些标准早已过时,并质疑其是否适用于三角洲的其他地区。

在数千千米以外的洪水使得解答这个问题变得更加紧迫。2005年8月30日,美国新奥尔良市遭到卡特里娜飓风袭击,造成了严重后果。新奥尔良的灾难震惊了世界各国,尤其是荷兰,因为自1953年以来,大洪水主要发生在世界上贫困、欠发达的地区。新奥尔良的洪灾表明,在现代西方大都市仍然可能发生灾难。

2003年对防洪系统的定期评估显示,荷兰约40%的主要防洪屏障仍未达到1961年《三角洲法案》规定的标准,沿海地区存在许多亟待改善的"薄弱环节"。评估结果导致了两项举措。在短期内,交通、公共工程及水管理部在2006年启动了一项特殊的海岸薄弱环节计划,旨在加强沿海地带的所有薄弱环节,以求到2015年达到《三角洲法案》的标准。[①]从长远来看,涉及进一步研究气候变化和海平面上升对荷兰的影响。这促使交通、公共工程及水管理部和内政部于2007年成立了新的三角洲委员会,由前农业部长西斯·威尔曼(Cees Veerman)担任主席。委员会的正式名称是国家可持续沿海发展委员会,但很快被它的非正式名称取代,即三角洲第二委员会。2009年,委员会任命了威姆·考肯(Wim Kuijken)为三角洲特别专员,负责在五年内向政府起草一份咨询报告,说明需要采取哪些措施,以确保到2100年以前荷兰三角洲地区的防洪安全和淡水供应。[②]

与水共筑和不确定性

三角洲委员会2008年的报告关注了很多议题。首先,"与水共筑"(Samen werken met water)旨在强调在20世纪一直占主导地位的与水抗争的方法现在必须让位给自然和生态补偿。除了需要保护和改善自然

[①] Vellinga *et al.*, 2006.
[②] Kuijken主持的"三角洲计划"主要包括九个子计划,其中六个关注于地理区域,三个关注于特别的主题:防洪、淡水及住宅的新建和重组(之后更名为空间适应)。

环境外，委员会还强调，需要更多地利用自然力，例如水流、风和沉积作用。这是沃特曼呼吁"与自然共建"和"还地于河"所引发的文化变革的延续。

其次，委员会指出，诸如气候变化、海平面上升以及荷兰境内河流的流量这些因素长期来看具有很大的不确定性。各种计算预测2008—2100年期间海平面上升幅度为65至135厘米。换句话说，总体上，根据现在的预测，海平面将上升得比20世纪60年代预测的更高、更快，而且还伴随着程度和增加速度的极大不确定性。委员会呼吁将洪灾发生概率降低到原来的十分之一，在兰斯塔德这意味着将洪灾发生概率从一万年一次降低到十万年一次，因为荷兰西部地区的人口和投资价值自60年代以来大幅增加，而当时的洪灾发生概率估计为万年一遇。根据公式"风险＝概率×损失"，潜在损失的增加意味着必须通过降低洪灾发生概率来稳定风险水平。考虑到更大的不确定性与减少洪灾发生概率的需要，确定现在需要采取什么措施并不容易。假设最极端的情况是到2100年海平面上升130厘米，把洪水泛滥的概率降低到十万分之一意味着需要将海岸拓宽约1千米。

在气候变化、海平面上升以及空间发展方面，应对不确定性成为三角洲计划的新任务，并在"自适应三角洲管理"条目下详细描述，作为三角洲计划的指导原则。其主要方面包括：

- 寻求多种发展方式（自适应路径）而不是寻求最终目标；
- 将空间规划的短期决策与水系统的长期目标联系起来；
- 通过保持自适应路径的灵活性，以减少过度投资或投资不足；
- 将防洪投资与其他公共和私人投资议程联系起来，以实现协同增效。①

自适应方法的一个关键问题是，选择一条特定的自适应路径可以维持多长时间，以及环境变化到达何种程度时，小的自适应不再是足够

---

① Van Rhee, 2012.

的。这意味着要切换到不同的路径,并且整个系统将发生重大变化。这些节点在有关三角洲计划的讨论中被称为"临界点"。接下来的问题是,如果需要额外的投资在这样的临界点改变系统,对自适应措施的投资是否值得。

迈向自适应的三角洲景观(上):海岸景观

一千多年以来,海岸侵蚀已经超过淤积的速率。在荷兰,海岸侵蚀的问题在近几个世纪愈发凸显。这既是因为不断上升的海平面使洋流和海浪不断增强,以至于在风暴潮期间可以横扫部分海岸,也是因为北海变深,没有足够的泥沙输送来补偿侵蚀。[①]几个世纪以来,这个过程摧毁了一些小城镇,或者迫使它们有规律地向内陆迁移。在18、19和20世纪,水利工程师克鲁奎斯、布兰肯(Blanken)和范文对这个过程进行了详尽的研究。几个世纪以来,防止海岸侵蚀的工作包括两部分:(1)局部增强薄弱点,例如胡德雷德附近的富劳卫海堤和洪博斯海堤(Hondsbossche);以及(2)建造滩头堡以防止洋流冲走泥沙。但是,侵蚀的速度总是比堆积的速度更快。

自1990年起采取了一项新政策。当时的海岸线被作为"海岸基线",不再允许其向内陆迁移。从那时起,政府每年通过向海滩和近海填沙来补偿侵蚀。公共工程及水管理局委托私营公司挖出北海河床的大量泥沙,用于扩展海滩。所需的泥沙量由于不断上升的海平面而逐年递增。从1990年到2000年,每年700万立方米的泥沙是够用的;从2000年到2010年,这个数字增加到1 200万立方米;预计在不久的将来将达到2 000万立方米甚至更多。

海岸侵蚀的另一个重要原因是河流的运河化和筑坝。河流再也无法

---

① Mulder *et al.*, 2010.

将沉积物输送到大海,以延展海岸。①侵蚀同样发生在哈灵水道、赫雷弗灵恩河和东斯海尔德河等前河口的盐沼、泥滩和沙洲。在三角洲工程建成之前,潮流不断将泥沙带出河口,使得滩涂、盐沼和沙洲得以保持并扩张。在河口筑坝导致了"沙饥饿"的过程,泥滩、盐沼和沙洲的侵蚀仍在继续,却由于潮流输送沉积物的过程被干扰而不再能得到补偿。

"海岸薄弱环节"计划是倾沙策略的延展,但是增加了一个关键内容:不再对整个海岸线使用单一方法,而是更加因地制宜,并用"与自然共建"项目作为试验。

在实践中,这种差异化方法以各种方式被实施。"与自然共建"假定逐渐下降的前滩可以削弱海浪的力量。基于沿海岸倾沙和"与自然共建"思想,开发了多种方法。在非城市化的沿海景观中,"向海"和"向陆"两种方法得到了研究。在"向海"方法中,通过在现有海岸附近创造新的海滩和沙丘景观,使前滩进一步延伸到海中,例如2015年对洪博斯海障的重新设计。

在"向陆"方法中,在最初海堤后面或建造一个新堤,或改善现有的次生防洪堤,从而使新旧堤防之间的圩田景观再次具有潮汐。该方法被应用在泽兰法兰德斯的"水沙丘"(Waterdunen)项目中。"与自然共建"最壮观的项目是斯赫拉芬赞德('s-Gravezande)海岸的"沙引擎"。它是基于代尔夫特理工大学海岸形态学教授马塞尔·斯蒂夫(Marcel Stive)的想法提出的。与以往每年填沙不同,在2011年大量的沙土一次性被倾倒在海岸,这些沙土在过去的几年中在洋流和风的动力下沿海岸线铺开。(见图5-19、图5-20、图5-21、图5-22、图5-23)

在沿海城市地区,海岸加固与海滩大道、海滩酒吧和停车设施的改善相结合,典型的例如斯海弗宁恩(Scheveningen)和卡特韦克的新林荫大道。在卡特韦克,堤防被"包"在新的沙丘景观中,并与地下停车场相结合。

---

① Mulder *et al.*, 2010.

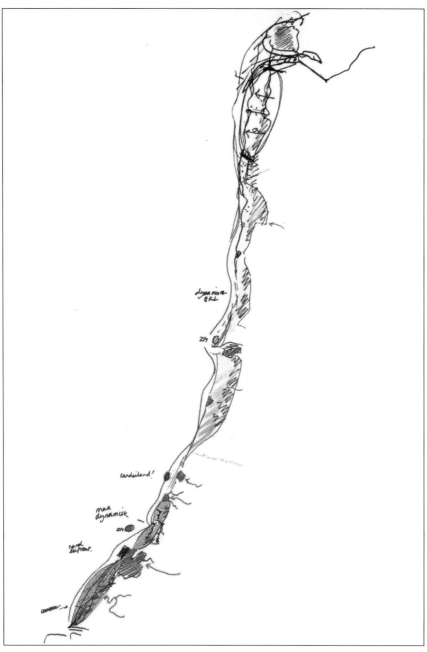

图5-19 "起伏的海岸线"草图,现有的海岸线部分得到维护和加固,部分向海延伸,
部分在陆侧进一步加强。海岸品质工作室,2013年

图5-20 2008年的洪博斯海堤（Hondsbossche Zeewering）。每年在堤防前倾沙以防止进一步的海岸侵蚀。摄影：玛尼克斯·古森斯（Marnix Goossens）

图5-21 2015年的洪博斯海堤。通过增加新的沙丘带和海滩将海岸线向海延伸

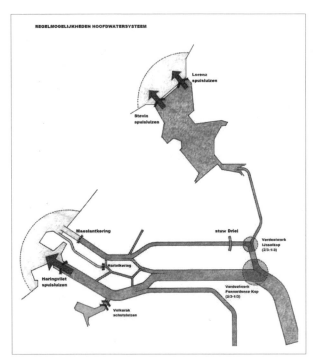

图5-22 莱茵河-马斯河三角洲的河水流量调节机制。绘图:史提夫·鲍斯(Steef Buijs)

图5-23 特海德沿海的"沙引擎",2011年

"向陆"方法的另一个版本是沿海岸留出宽阔的区域,可以随着海平面上升继续增长这片区域。[1]其构想是允许海堤后面的部分圩田泛洪,由于受到潮汐运动的影响,每次洪水都会带来一层薄薄的沉积物。这些圩田将以自然的方式逐渐抬高。最初的海堤最终被关闭,抬高的土地可以再次用于农业用途。圩田的另一部分以相同的方式淹没和抬高。这种"交替"系统最终会形成一个广阔而凸起的海岸带。

这些实验和想法旨在寻找阻止海岸侵蚀和沉降的方法,设法利用洋流、潮汐运动、风和沉积等自然过程将其转变为新的增长。从长远来看,这种过程比传统加固堤防的方法更可持续。

迈向自适应的三角洲景观(下): 莱茵河和马斯河三角洲

三角洲计划中的一个关键问题是支流和河口之间的流量分配。这不仅是防洪的关键,而且对未来的城市发展也至关重要。那么,"自适应三角洲管理"足够吗?

在19和20世纪,各个支流和河口之间的流量是经过特别分配的。现在的问题是,是否需要修改此流量分配。莱茵河是三条河流(另两条是马斯河和斯海尔德河)中流量最大的。潘纳登(Pannerden)运河将莱茵河的流量分配到莱克河/下莱茵河和瓦尔河/梅尔韦德河支流,分配比例是1比2。

瓦尔河/梅尔韦德河将水排入霍兰德水道和哈灵水道,马斯河也汇入其中。瓦尔河/梅尔韦德河和马斯河的水可以在退潮时通过哈灵水道的水闸排入大海。通过潘纳登运河排放的河水在阿纳姆分流到艾瑟尔河(占三分之一)和莱克河(占三分之二),因此莱茵河中约22%的水顺着莱克河和莱茵河下游流向新马斯河,最终通过新沃特伟赫河入海。来自马

---

[1] 这个概念在2014年被泽兰省纳入"共同海岸"(ComCoast)项目,见Hamer, 2007。

斯河/梅尔韦德河分支的少量水也流经北河（多德雷赫特和鹿特丹之间）和老马斯河，流向新沃特伟赫河。在干旱期，当哈灵水道的水闸保持更长时间关闭时，更多的水从梅尔韦德河经由北河和新马斯河流向新沃特伟赫河，来自马斯河/梅尔韦德河分支的流量变得相对较大。这样可以确保在河流水位较低时，咸水不会通过新沃特伟赫河和新马斯河渗入内陆。但是，气候变化使干旱期延长，河流的水量减少，导致更难以控制盐碱化，以及南霍兰德省的淡水供应问题日益严重。

除了干旱期间的咸水渗透外，当海平面或河流洪峰过高时，鹿特丹–多德雷赫特地区还将面临洪水泛滥的风险。该地区是三角洲最易受伤害、最危险的地区之一，多德雷赫特的问题尤为突出。（见彩图11）在这种情况下，"易受伤害"意味着洪水带来的相应损失将是巨大的，而"危险"则是指洪灾概率相对较高。

当海上风暴遇到河流水量峰值，情况就变得更糟。20世纪90年代建造的马斯朗特防洪屏障虽然能够抵御来自大海的风暴潮，却无法阻止该地区被荷兰东部的河水淹没。此外，马斯朗特屏障的失效概率是1%，这个失效概率相对较高，尤其是因为未来海平面上升和风暴潮频率增加，不得不更频繁关闭屏障，问题会更加突出。

受到80年代开始的滨水住宅开发的影响，鹿特丹–多德雷赫特地区现有6万多人居住在堤防以外的地区。其中一些地区（鹿特丹的北岛和多德雷赫特的滨水区）地势较低，以至于洪水泛滥时，码头和街道甚至是住户的门口经常被水淹没。那里的居民用木板密封门口，以提供暂时防护，但是极高的水位必然会引起更严重的问题。除了堤外的这些脆弱地区，该地区的堤防并非全都能承受未来最极端的情况，因此一些堤防必须被加固或抬升。

如我们所见，莱茵河口地区的防洪和淡水供应在政策文件《兰斯塔德2040》中占有关键设计研究地位。该文件和三角洲委员会的报告均于2008年9月发布，但针对该地区提出了两种不同的解决方案。（见彩图11、彩图12）

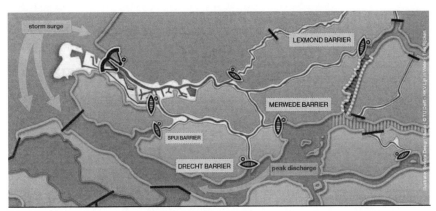

图5-24　三角洲委员会在2008年的报告中提出了"可关闭的开放莱茵河口"的建议。绘图：泰斯·里肯（Ties Rijcken）

　　三角洲委员会建议用一系列水坝、水闸或风暴潮屏障完全封闭莱茵河口-多德雷赫特地区。（见图5-24、彩图13）为了使该地区完全不受海洋和河流的影响，设计中包括了莱克河和霍兰德水道之间的新连接，以便莱克河也排入该地区南部的海。这是提里奥（Tirion）于18世纪中叶设计的一个方案（见图3-2）。一年后，《国家水计划》完全采纳了三角洲委员会的建议。《国家水计划》中有一张地图，绘制了通过哈灵水道调节河流流量，而鹿特丹-多德雷赫特地区被一系列可关闭的屏障完全包围。

　　但是，三角洲委员会希望更详细地研究鹿特丹地区和西南三角洲的各种长期方案。其中一个方案是封闭新沃特伟赫河，以改变整个河流系统，并按照三角洲委员会和《国家水计划》的建议，把梅尔韦德河和马斯河的所有河水经由哈灵水道排入大海。如范文的《大淤积计划》（见第四章）所假定的，该方案是基于河道和河口向南移动的自然趋势。它也与世界自然基金会的"张开双臂"计划紧密相关。

　　另一个方案是保留当前的系统，新沃特伟赫河继续在排放河水方面发挥关键作用，在很大程度上保持西南三角洲的现状，保持封闭的河口。在这种情况下，需要对城市区域进行实质性的改变，不仅涉及堤内地区，也涉及堤外地区。

这些方案可以看作是两种不同的发展路径。"自适应策略"意味着，如果临时采用方案二（通过新沃特伟赫河排水），从长远来看，仍可能需要切换到方案一。

设计挑战：自适应的大都市三角洲景观

选择逐步实施的自适应防洪方法还是水系统更彻底的变化，关乎城市发展和三角洲主要水域的前景。这种关联性在三角洲计划之前的十年已经明确，主要得益于鹿特丹国际建筑协会（AIR）和 Eo Wijers 基金会等独立组织机构开展的多项设计研究。这些组织在还地于河计划以及鹿特丹河流景观改造工作中发挥了关键作用。

一个有趣的例子是 2008 年在 Eo Wijers 基金会主办的竞赛中呈现的设计探索"蓝血"（Blauw bloed）。"蓝血"展示了在封闭海洋和河流情境下空间发展的未来前景。在这个设计中，对哈灵水道进行动态的水和自然管理将有更多的操作空间。把鹿特丹地区与海洋和河流隔离，将为沿着新马斯河和新沃特伟赫河的前码头区域提供新的城市发展机遇，现在这些区域仍需应对最高超过海平面 4 米的洪水。这样可以降低海岸线地面的高程，从而创造更亲水的城市环境。在"蓝血"方案中，港口完全向西转移，建立了第三个马斯弗拉克特开发项目，并在港口区和哈灵水道之间开辟了新航路，去往安德卫普时，相比经过老马斯河、多德西科尔河（Dordtse Kil）和霍兰德水道的旧航线，内陆船只经过新航路的路程更短。（见图 5-25、图 5-26）

虽然封闭的莱茵河口为空间发展提供了这些契机，但我们必须思考，如果开放河口会发生什么。代尔夫特理工大学和鹿特丹建筑与城市设计学院的学生开展的各种设计研究不仅回答了这个问题，并指出了为了长期保护市区免受洪水侵害必须采取哪些激进措施。鹿特丹建筑与城市设计学院的沃尔伯特·范·代克（Wolbert van Dijk）的毕业项目"潮汐城

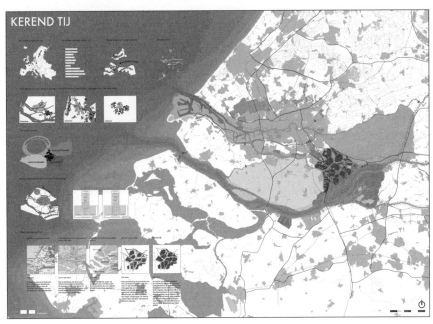

图5-25　Eno Zuidema Stedebouw和dhv为Eo Wijers基金会2008年的Deltapoort
竞赛设计的"转潮(Kerend Tij)"方案(一等奖)

图5-26　由高柏伙伴设计事务所(Bureau Kuiper Compagnons)为Eo Wijers基
金会2008年的Deltapoort竞赛设计的"蓝血(Blauw Bloed)"方案(二
等奖)

市"（Getijdenstad）建议加强新马斯河和新沃特伟赫河北岸的堤防，最终
改善城市与河流的关系。这需要极其广泛的干预，带来的效益是，城市不
是在堤防的后面，而是建在很大程度上可以看到河的"堤防高原"上。对
于较难预测、更分散的南岸，代尔夫特理工大学的学生建议，在堤防以外
的城市部分地区也应设置小型环形堤，可以在水位极高时暂时成为岛屿。
（见图5-27、图5-28、彩图14）

　　Eo Wijers 比赛和学生的设计练习是探索新机遇过程的一部分。与
三角洲工程之后严格划分水陆、咸淡水之间的分界线不同，现在寻求的
是恢复逐渐过渡和河口动力的方法。这也适用于三角洲的城市化地区。
2016年，鹿特丹市议会、世界自然基金会和鹿特丹港务局提出了一项计
划，题为"河流潮汐公园"（De rivier als Getijdenpark）。根据该计划，硬质
码头将转变为水陆之间的绿色过渡带，从而使河流从工业运输轴变成蓝
绿色的公园区域，在其中可以发展自然的潮汐环境。河岸的这种转变将
发生在市区和港口地区。如果将新马斯河和新沃特伟赫河发展为潮汐

图5-27 "堤防高原"旨在通过在鹿特丹马斯河右岸建设适应性新建筑，以抬高主防
洪屏障，同时保持与大海的开放连接。沃尔伯特·范·代克（Wolbert van
Dijk）的毕业设计，鹿特丹建筑与城市设计学院，2010年

图5-28 动态三角洲城市,设计关注鹿特丹堤防以外的地区,同时保持与大海的开放连接,堤防之外的区域周围设有防洪屏障。由代尔夫特理工大学的欧洲城市主义硕士项目(EMU)的学生设计,2010年

河,河口淤积成新的沙洲,可以为盐碱化形成天然屏障。但是,这与鹿特丹港务局进一步加深新沃特伟赫河航道的计划相抵触。为了允许越来越大且需要更深航道的最新一代油轮和集装箱船在港口通行,加深航道势在必行。

港口的存在和进一步发展依然是三角洲发展的悖论。只有在将来开发出一种全新的航运技术,使船舶重量更轻、体积更小、吃水更浅时,才能解决这些问题。当港口面积缩小和硬质码头减少时,河流才能成为名副其实的潮汐公园。

对整个鹿特丹地区采取自适应措施意味着新沃特伟赫河和哈灵水道的河口必须被视为两个连通的分支,并且并非新沃特伟赫河,而是哈灵水道始终承担主要的水量。

这使莱茵河-马斯河河口的整个情况特别复杂。"还地于河"为河床和堤防创建了新框架,为地方实施留出了空间。莱茵河-马斯河三角洲则大不相同,必须在框架中考虑长期的重大变化。框架本身及其在本地的实施都必须充分考虑发生重大变化的可能性。对于堤外的新马斯河和新沃特伟赫河沿河地区,这意味着空间可以用于临时的功能,而无须长期的大额投资。在哈灵水道周围可以指定一些区域作为长期的额外蓄洪区,以及进行短期的空间和自然发展。

代尔夫特理工大学、鹿特丹伊拉斯姆斯大学和瓦赫宁根大学合作,为哈灵水道设计了一个"坚稳的自适应框架"。[①]它包括一个主要的洪水屏障和一个较老的次级洪水屏障及两者之间的土地,作为西南三角洲岛屿筑堤和排水的最末端安排。在利用空间(用于农业、三角洲的自然资源、休憩和小规模城市发展)和防洪方面,该区域提供了许多逐步改变的机会。可以在有水闸的地方加固主堤,也可以永久降低主堤。在降低主堤的情况下,次级防洪屏障可以替代主要的防洪屏障,两者之间的区域可作为额外蓄洪区。(见彩图15)

新的"自组织能力"

除了在整个三角洲范围内进行新的协调之外,自适应方法还需要在三角洲地区建立一种独立单元的新自组织形式。这些独立单元可以是圩田或岛屿,例如多德雷赫特岛和戈尔瑞-欧文弗雷克岛。

多德雷赫特岛在荷兰向新的"三角洲状态"过渡中至关重要,因为其在几个世纪以来它一直占据着荷兰三角洲特别脆弱的中心位置。多德雷赫特岛是河流汇入大海的分界点,之后或通过老马斯河、新马斯河和新沃特伟赫河,或通过霍兰德水道和哈灵水道汇入大海。它的脆弱性在1421年的圣伊丽莎白日大洪水期间显而易见,当时该岛的大部分地区被淹没了。这正是约翰·范文在20世纪30年代着手研究新的防洪体系的原因,由此为三角洲工程拉开了序幕。直到今天,在21世纪初,该岛仍然是人们关注的重点。"封闭莱茵河口-多德雷赫特"这个方案为多德雷赫特提供了长期防洪保护的前景。沿梅尔韦德河到达城市北部的主要防洪屏障

[①] "整合的三角洲规划与设计"(IPDD)项目,见Meyer等人,2014。

是老的前街,长期以来一直未达到《三角洲法案》的标准。由于前街是人口稠密的老城的一部分,因此无法填高。如果这个防洪屏障没入水下或决口,那么这座拥有十万人口城市的大部分地区将被洪水淹没。

鉴于莱茵河河口的前景仍然不明朗,多德雷赫特市议会正在自己考虑问题。由于该市的疆域与岛重合且被一个环形堤包围,因此市议会与当地水务委员会合作,追求独立于中央政府按照自己的方式成为"自给自足的岛屿"。①

这种方法是自适应和预防措施的结合。多德雷赫特计划在河流水位极高时让岛屿南部的比斯博斯圩田蓄洪,为此降低部分现有的主防洪屏障,并增强次级防洪屏障(Wieldrechtse Zeedijk)。同诺瓦德圩田一样,比斯博斯圩田中的新建筑都将建在填高的土丘或柱子上。

针对整个岛屿被洪水淹没的情况,市议会制定了自己的疏散策略,引入了"垂直疏散"的概念。相比较而言,以逃生路线形式离开城市的"水平疏散"会造成不可避免的交通拥堵。②"垂直疏散"指的是,在城市各地指定建筑物的较高楼层在洪水期间充当避难所。

作为一个自给自足的岛屿,多德雷赫特是一个有趣的实验。作为"坚稳的自适应框架"概念的一部分,它也可以应用于霍兰德水道和哈灵水道周围的其他地区。(见图5-29、彩图16)

---

① Mudde, 2014.
② Bas Kolen于2013年发表的论文主要探讨了"垂直疏散"相比较"水平疏散"的优势。

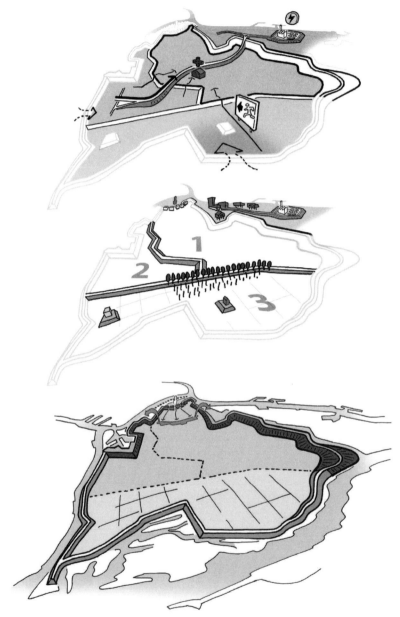

图5-29　关于多德雷赫特岛的分层防洪方案。底层：主要洪水屏障的防洪；中间
层：将岛屿划分为三个区域，水位极高时第三区可以被淹没，新建筑建在土
丘上；顶层：用于灾难响应和疏散，包括一些作为"垂直疏散"处的更高地
点和建筑物。绘图：De Urbanisten事务所，2014年

第六章　三角洲的新状态

　　三角洲未来的前景如何？民族国家、工业经济、基于去中央化的空间规划和三角洲大型水利工程政策之间的关系使荷兰得以繁荣发展，长期未遭受严重洪水，并在水利工程和空间规划领域享有国际声誉。如第五章所述，这种和谐的关系在维持了几十年后逐渐消失。民族国家的放松管制和都市化思想的兴起，以及关于"第三次工业革命"的新思想这些因素带来了新的社会价值观，例如对自然和空间品质的追求，也带来了如何应对不确定性的问题。（见图6-1）

　　20世纪主要的水利工程与今天的三角洲计划之间的区别在于，到目前为止，关于未来工程对于荷兰的空间、经济、文化和政治发展之间新关系的意义，并没有"有说服力的故事"。也许它还有待发展；即使是说明20世纪主要水利工程、空间规划和国家建设之间关系的"有说服力故事"也经历了一段时间才得以发展。这是从一个提案到下一个提案之间长期探索、绝望、分歧、实验和发展的结果。

　　今天我们再次在各个领域寻求新的概念和想法，不仅关乎空间和经济发展，还包括制度和意识形态的变化、国家治理和决策，当然还有防洪。

　　21世纪的发展似乎与20世纪的发展相反，是名副其实的范式转变。

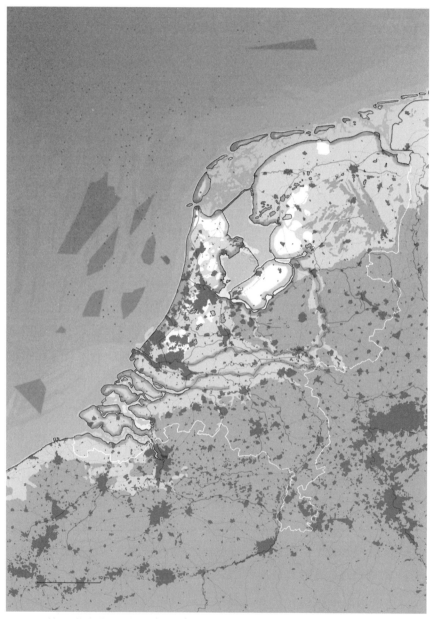

图6-1 在西北欧"大都市"背景下的荷兰三角洲。西南三角洲和艾瑟尔湖地区为
密集的城市环境提供了主要水景。布满钻探设备(以点表示)和风力涡轮发
电机的园区(暗灰色区域)的北海逐渐成为这个城市环境的一部分。绘图:
提克·鲍马

第一,战后几十年城市规划的政策重点是空间的去中央化和分布式发展,这在世纪之交以来已经逆转。除了中霍兰德的压力减少之外,西部人口和经济活动的集中程度已经变得空前之大,并且在未来的十年内仍会增加。根据最新预测,兰斯塔德的人口将继续增加,自2008年经济危机以来出现的经济增长仍将集中在西部。[①]空间政策的新口号是大都市化,但目前还不清楚这意味着什么。经济增长也经历了类似的逆转,世纪之交以来,经济增长一直集中在西部。但尚不知道未来的经济增长将采取何种形式,以及它将如何影响土地利用。"第三次工业革命"有可能对鹿特丹、阿姆斯特丹和安特卫普的港口以及其他较小的港口都产生重大影响。没人能预测能源转换、机器人化和3D打印将如何影响鹿特丹港口。目前,鹿特丹港口12 000公顷的土地中有60%仍用于储存和加工化石燃料,剩下的40%用于储存和转运成品集装箱。未来转换到其他能源,以及从成品运输到半成品或3D打印原材料,这些变化产生的影响无法预测。当然,港口区域急剧萎缩,向海洋方向转移,并非不可能[②]。

第二,"与水抗争"的观念已经转变成"与水共筑"和"与自然共建",这不仅仅是语义上的变化。对三角洲、海岸线和河流自然性质的追求不再仅仅来自于自然保护和环境组织,而是得到了广泛的公众和政治支持。我们不是在这里谈论自然作为人造防洪系统的"附加值",而是将自然系统的韧性作为防洪战略的关键部分。这不仅意味着必须给予水更多的空间,而且还包括水和土地之间逐渐过渡的区域,因为它们不仅对保护各种动植物物种很重要,对防洪系统也很重要。

第三,国家和决策的组织和思想一直在变化。尽管民族国家的角色和意义发生了相当大的转变,但它绝不会消失。它只是不再像半个世纪前那样发挥至关重要的作用,混合的局面日益兴起。区域和地方各级更加深入地参与决策,发展地方认同感。在对城市、区域或"大都市区"有

---

① 荷兰环境评估署(PBL)和荷兰经济政策分析局(CPB),2015。
② Paardenkooper, 2016.

重大影响的水系统作出调整时,将越来越多地需要得到当地居民的支持。他们会支持那些改善自己周围环境品质和特性的决策。这在"还地于河"和"海岸薄弱环节"计划中被证明是成功的。这两项计划都投入了大量的时间和精力,将河流拓宽和海岸加固这些一般性的原则精确应用到地方和区域层面。然而,到目前为止,这个过程似乎在西斯海尔德河的河道拓宽项目中不太成功。这个项目计划重新淹没海威赫(Hedwige)圩田,以加深西斯海尔德河的航道,改善进入安特卫普港的通道,但是遭到了当地人的强烈反对。换句话说,人们越来越关注三角洲自然系统的韧性和自组织能力,也越来越关注地方和区域政府、居民组织和非政府的自然保护和环境组织的社会韧性和自组织能力。

近几十年来荷兰的国际化水平变得越来越重要。荷兰的海岸线续接德国和比利时的海岸线,而且三角洲的主要河流源于欧洲的其他地区,因此对于防洪系统的调整不能单纯在国家层面上,还要考虑邻国的状况。一个例子是决定保持哈灵水道的水闸"半开",这实际上是1999年莱茵河公约促进河流中鱼类迁徙的一部分。协调西斯海尔德河以及弗拉芒和泽兰省法兰德斯沿海地区的航运利益、防洪和自然发展是一个相当复杂的过程,需要加强荷兰和弗拉芒成员之间的密切合作。在此背景下,弗拉芒-荷兰斯海尔德河委员会于2008年成立。不能过度关注荷兰领土的另一个原因是西北欧都市区的发展。莱茵河—马斯河—斯海尔德河三角洲的两个主要侧翼(西南三角洲和艾瑟尔湖地区)占据了特殊位置,是避开城市发展冲击的两个最大的连续区域。它们为各种陆地到水的过渡提供了空间,因此既有自然发展,又有休闲和娱乐的机遇,是西北欧"大都市"内的"新鲜气息"。[①]

简而言之,"国家问题"越来越多地成为混合问题的一部分,混合问题中还包括地方和国际问题。这并不是说应该放弃荷兰主要是三角洲景观的概念。与此同时,需要意识到这个景观中存在着重要变化和差异,并

---

① 该术语源于 Dirk Frieling, 2004。

且它是包含河流、海岸、低地和海洋在内的更大系统的一部分。

这可能有悖于最近的发展态势，如民族主义复兴和重新强调民族认同的象征。不可否认，新的水利工程项目（如还地于河、海威赫圩田、鹿特丹的河流潮汐公园）强调了荷兰三角洲景观的特征，因此像过去的须德海工程和三角洲工程一样，创造了典型的"荷兰身份"。然而，与须德海工程和三角洲工程不同，这些新项目考虑到当地和区域的条件，因此也有助于加强地方和区域特色。这些新项目表明，荷兰的三角洲景观是一个更大的河流和沿海景观的一部分，且依赖于它。有关这个景观的国际协议推动了新项目的实现。

新的挑战来自开发一种迎合地方、国家和国际层面的方法，以及在混色特性、水利工程、自然、空间品质和经济发展之间创造新协同形式。

长期问题

在荷兰三角洲的空间、技术和社会发展史上可以识别出一些突出的长期问题。

一个例子是莱茵河主要线路的逐渐改变，包括老莱茵河的淤塞到新马斯河新河口的开辟，到新马斯河新河口逐渐淤塞，再到卡兰德开辟新沃特伟赫河时修复。然而，正如卡兰德和之后的范文所料，这些修复必然是暂时的。人们意识到通过新沃特伟赫河排放河水的方式不能永远地人为维持下去。基于此，在莱茵河河口–多德雷赫特三角洲计划中有一项新研究，将环形堤14（Dyke Ring 14）向南延伸，并为该地区设计一系列水坝或风暴潮屏障。

河口应该固定还是允许移动，这个问题涉及港口和航道的长期角色。在近两个世纪里，鹿特丹港的可达性一直是三角洲国家政策的关键。19世纪新沃特伟赫河的挖掘以及20世纪博特莱克、欧罗波特（Europoort）和马斯弗拉克特港口的建设在当时引起了争议,因为它们对水管理、自然和环境产生了重大影响。即使在今天,河水排放的设计也与港口的发展密切相关。世界自然基金会、鹿特丹市议会和鹿特丹港务局联合制定了将新马斯河和新沃特伟赫河发展成为"潮汐公园"的计划。城市和港口区域的部分河岸将进行重新设计,以提升河口动力。然而,鹿特丹港务局仍在继续加深新沃特伟赫河,这将使腹地更容易受到洪水和盐碱化的影响。问题是,最终是否有可能使经济和自然发展与持久的防洪目标协调一致。如第五章所述,从长远来看必须考虑河流流量的分配问题,这意味着要在两种方案之间作出抉择:(1)使河流再次恢复潮汐功能,从而在新马斯河和新沃特伟赫河自由流动的过程中促进淤积,并使哈灵水道成为主要的排水路线,或者(2)大幅提升市区的河堤——这将是具有深远影响的一步。

西斯海尔德河也面临同样的问题。作为西南三角洲仅存的河口,西斯海尔德河的重要性日益增加。随之而来的问题是,如何协调河口动力、保持安特卫普港的可达性以及弗拉芒和泽兰省法兰德斯沿岸的防洪。在受控洪水区实施的各种实验将导致西斯海尔德河沿岸地区的结构变化[①],并将增加这些区域之间的反差,恰如自然景观和法兰德斯城市景观(尤其是弗拉芒海岸)之间的对比。

港口的角色是新沃特伟赫河和西斯海尔德河共同的关键。防洪和自然发展问题的主要根源并非气候变化和海平面上升,而在于河口航道的加深。航道不断适应大型货船更深的吃水,导致逆流水位越来越高,以及沙洲、盐沼和泥滩这些由陆地到水逐渐过渡景观的破坏。从长远来看,需要采用整合方法解决河口的空间发展问题,包括港口本身的功能和发展。河口航道过深的问题并非荷兰和比利时港口所独有,而是世界许多地方的普遍问题,需要就船舶的最大吃水深度达成国际协议。(见图6-2、图6-3、图6-4)

---

① Meire & Van Dyck, 2014.

图6-2　2007年位于哈灵水道的廷厄梅滕岛,当时完全是一个农业地区

图6-3　2014年的廷厄梅滕岛,荷兰自然保护协会收购了所有的当地农场,并将该岛变成了淡水潮汐区。摄影:迪克·塞伦德拉德(Dick Sellenraad)/Aeroview

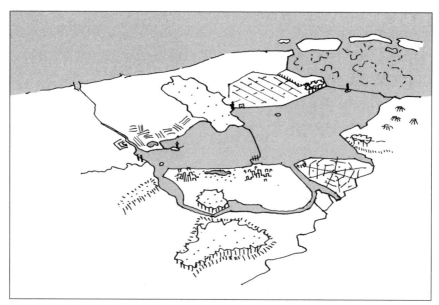

图6-4 艾瑟尔湖地区是"大都市的新鲜气息"。绘图：保罗·布罗克豪森（Paul Broekhuisen）和弗里茨·帕姆鲍姆（Frits Palmboom），2015年

　　另一个老大难问题是霍兰德高度城市化的中心部分和国家的其他地区，特别是西南三角洲和艾瑟尔湖地区的相对位置。西南三角洲的问题涉及它在中霍兰德和法兰德斯之间的角色。几个世纪以来，这三个区域发展成为三个截然不同的实体，彼此虽有矛盾，却高度相互依存。这些空间、经济、文化和政治的差异和联系随着时间的推移呈现出各种形式，并一直在呼唤新的方法和解决方案。数世纪以来，莱茵河河口一直是富裕的中霍兰德与其竞争对手泽兰之间的牢固界限。虽然在20世纪下半叶，三角洲工程和国家空间规划削弱了这种对比，但随着城市和经济增长再次集中在兰斯塔德，这种反差又逐渐增加。然而，现在这种对比被更多作为一种品质来欣赏。这反映在有关恢复西南三角洲中部的河口动力，并将该地区视为"绿洲"的各方建议中。在这方面最引人注目的项目是保持哈灵水道的水闸"半开"，重新恢复部分微咸水以及潮汐运动。此外，还有通过改造把哈灵水道中的廷厄梅滕岛从农业圩田变成潮汐自然区

域。2011年世界自然基金会提出的开放式哈灵水道的想法（见图5-10）似乎即将付诸实践。诚然，哈灵水道不会完全开放，但其潮汐作用将会增加。西南三角洲作为自然区域的重要性日益增长，也将成为兰斯塔德人的休憩之处。

设计和工程的角色

对于设计和工程的角色和重要性存在着相当大的误解，首先是关于空间设计的角色。人们通常认为，设计只有在已经决定特定项目时才有意义。然而，本书中讨论的各个项目与此恰恰相反，例如新沃特伟赫河的挖掘、拦海大坝的建设、艾瑟尔湖圩田的排水以及三角洲工程。早在这些工程实施之前有各种提案，其中包括到鹿特丹的新沃特伟赫河、须德海的填海造陆以及在西南三角洲入海口筑坝。在没有社会和政治共识、资金和必要组织的情况下，这些提案最初没有得以实施，但它们确实引发了公共、科学和政治领域的讨论。在不同情况下，设计充当了实验场，利弊得以广泛被讨论和检验，从而推动了决策，也为解决财务和组织方面的问题提供了可能性。这些设计还迸发出在纯粹的口头讨论中永远不会出现且未曾预料到的潜力。例如，在还地于河计划之前就进行了设计练习，其中最重要的一项是1986年（该计划实际启动前20年）Eo Wijers基金会在濒河地区发起的设计竞赛。这些设计练习为最终的政治决策奠定了重要的基础。

20世纪90年代中期的大都会辩论、2008年Eo Wijers基金会的大都会公园景观（Deltapoort）竞赛设计，以及为2008年的《2040年兰斯塔德结构愿景》、2011至2013年的海岸品质研讨会以及2012年莱茵河-马斯河三角洲框架等所做的设计研究，开启了荷兰西南部都市化、景观开发和防洪之间的新关系。针对艾瑟尔湖地区也已经开展了一段时间的设计练习，包括为阿姆斯特丹艾桥的城市扩建项目和2006年的Eo Wijers竞赛做准备的大量研究。从2013年到2017年，城市设计师弗里茨·帕姆鲍姆在代尔夫特理工大学开创了范·伊斯特伦（Van Eesteren）课题组，通过设计研究将艾瑟尔湖地区的前景设定为"大都市的新鲜气息"。[①]

简而言之，持续了二十多年的各种设计练习在关于重新设计荷兰三角洲的讨论中发挥了关键性的指导作用。二十年看似很长一段时间，但如果我们将其与三角洲地区早期达成重大决策和重大改变所花费的时间比较则并不长。在新沃特伟赫河、须德海工程、三角洲工程和还地于河项目作出决策之前，也有几十年（甚至半个世纪）的讨论和设计研究。

第二个误解是关于工程的作用。通常认为只有在技术状况达到可执行的程度时才考虑作为解决方案，但荷兰三角洲的历史证明不然。大多数主要水利工程的建设决定都是在技术可行性尚不确定的时候进行的。这就是为什么托尔贝克称建造新沃特伟赫河是一个"大冒险"，须德海工程、三角洲工程和东斯海尔德河防洪屏障也是如此。这些工程项目所需的大部分技术和知识有时是在它们实施时才开发出来的。典型的例子是耙吸式挖泥船的发明，当时使用传统的疏浚技术未能在新沃特伟赫河的开放海口产生期望的结果。

最终，三角洲工程证明了丁伯根是正确的。他主张关闭入海口而非加强现有防洪堤的理由之一是，这将极大地促进荷兰水利工程知识的发展，并成为这个领域的世界领导者。

为了开发和应用新知识，首先通常需要进行较小的实验。在更大规模的应用之前，较小的试验也是必需的。在开发须德海圩田时，维灵厄梅尔圩田是第一个实验。在开展三角洲工程时也把关闭菲斯湖作为"预演"。目前，特海德（Ter Heide）海边（海牙南侧）的"沙引擎"项目是另一项实验，旨在探索新知识和未来的应用方法。总之，技术创新可能给社会发展和政治决策带来新的转折，但荷兰与水共筑的历史表明，反过来，技术创新也有可能是由"大冒险"引发的。

---

① Palmboom, 2014.

三角洲新状态的国际意义

在认定的一系列"领先部门"之中,出于所谓"出口质量"的考虑,荷兰的研究政策极度关注水部门。这是范文在《民族的艺术》中的论点以及丁伯根建议的延伸。三角洲工程引发了国际上对荷兰水利工程的关注,这在很大程度上是成功的。荷兰的疏浚公司位列世界最大的疏浚公司之中,在全球范围内开展业务。各种荷兰工程公司同样在国际层面运营,其中一些从国际市场获得了大部分的业务收入。

由于气候变化和海平面上升威胁到世界各地的三角洲地区,该领域的专业知识变得越来越重要。这看上去似乎日益有利于"出口"荷兰的水利技术。然而,荷兰在这方面的优势并不像人们想象的那么大。荷兰的公司现在必须与澳大利亚、日本、丹麦和美国的公司在国际市场上竞争,这些公司通常同样精通建造堤坝。

许多三角洲地区目前的主要问题不仅是气候变化和海平面上升,还体现在爆炸式的城市发展、三角洲自然资源的枯竭以及经济和土地利用的变化。在这些城市化的三角洲中,问题不仅关乎于如何最好地保护现有的城市地区免受洪水侵袭,更在于如何最有效地协调城市和经济的增长或转型、新空间品质的发展过程与水利基础设施的建设和维护、加强自然三角洲系统之间的关系。

在过去的十个世纪里,荷兰在空间、经济、水利工程和自然发展之间建立了这种关系,并不断调整,而今是另一个这样的重新调整时期。积极参与其他三角洲规划实践的意义并非在于"他们"可以向"我们"学习,而是因为世界其他地方同样需要一种可以整合各种问题的解决方法。这种合作也是荷兰设计的灵感来源,比如2005年的卡特里娜飓风和2012年的桑迪飓风造成洪水灾害后在美国启动的合作项目。[1](见图6-5、图6-6)

---

[1] 另见 Bisker *et al.*, 2015.

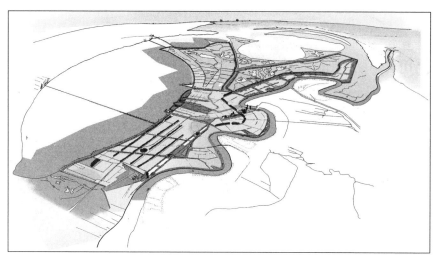

图6-5 大新奥尔良城市供水计划中的"明天的新奥尔良"鸟瞰图。绘图:萨比恩·托马斯(Sabien Thomaesz),Palmbout城市景观事务所,2013年

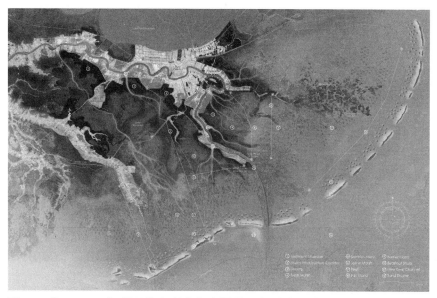

图6-6 "Misi-Ziibi",用于恢复新奥尔良周围三角洲地区的设计。一个关键点是重新将老支流连接到主要河流,以恢复三角洲的沉积物和淡水。设计:约翰·霍尔(John Hoal)、德里克·霍夫林(Derek Hoeferlin)、迈克·帕托诺(Mike Patorno)、hkv和罗伯特·德·科宁景观建筑事务所(Robbert de Koning Landschapsarchitect),2015年

在2005年新奥尔良发生毁灭性灾难之后，当地一位名叫戴维·瓦格纳（David Waggonner）的建筑师与荷兰驻华盛顿大使馆和美国规划协会合作设立了"荷兰对话"。寻求这种伙伴关系的原因不仅仅是为了尽可能有效地保护新奥尔良免受洪水侵袭。自20世纪60年代以来，该市面临经济衰退和人口萎缩的螺旋式下降。[1]瓦格纳计划投资数百万美元翻新卡特里娜飓风灾难后的防洪系统，建立新的水系统，同时帮助当地居民树立新的文化认同感并推动经济增长，让新奥尔良摆脱其螺旋式下降的趋势。"荷兰对话"在2008年至2010年期间举办了一系列研讨会，由荷兰和美国的设计师、工程师和科学家组成，共同研究水管理和空间发展的新整合方法。[2]瓦格纳及其团队最终受到大新奥尔良公司（Greater New Orleans Inc.，一个包括各地方当局与该市商会在内的区域合作伙伴机构）的委托，为整个大都市区制定规划。《大新奥尔良城市水规划》（*Greater New Orleans Urban Water Plan*）于2013年完成[3]。该规划基于新奥尔良作为"美国水城"并不孤立于三角洲之外的理念，有助于将其恢复为一个自然系统。[4]规划中提出的水利基础设施是该地区新空间结构的核心，有助于树立该市的新面貌，促进新的发展机遇。

然而，新奥尔良的未来不仅取决于城市水系统的改善，还取决于能否阻止整个三角洲的侵蚀。在20世纪初期，整个密西西比河流域都被堤防化，其支流被封闭，使这条河更适合航海船只航行。[5]这对新奥尔良和路易斯安那州的港口尤其重要，这些港口仍然是美国最大的海港综合体，位于新奥尔良市西部的上游。然而，由于堤防的建设和河流的封闭，三角洲地区不再能获得沉积物和淡水的供给。河水直接排入河口，越过大陆架的边缘，进入墨西哥湾的深处。因此，三角洲遭受了严重的侵蚀，自1930

---

① Waggonner *et al.*, 2014.
② Meyer, Waggonner, Morris (eds), 2010.
③ Waggonner & Ball Architects, 2013.
④ Waggonner *et al.*, 2014.
⑤ Barry, 1997.

年以来,5 000平方千米的土地(约为其面积的三分之一)已被冲走。①因此,三角洲越来越不能起到抵御飓风作用,也不能自身修复。

2013年的"变道"竞赛旨在强调修复三角洲的重要性。竞赛邀请设计师把路易斯安那州沿海总体规划的目标转化为具体项目。尽管在2015年选出了三名获奖者,但这些计划目前尚未实施。一个包括荷兰设计师的"Misi-Ziibi"团队做了一个有趣的设计。该团队的"生活的三角洲"提案计划恢复一些封闭的支流与主要河流之间的联系,并将三角洲地区划分为淡水、咸水和半咸水环境。这将再次为三角洲带来沉积物和淡水资源,从而使大部分鱼类和贝类养殖部门得以维持并可能扩大。港口和船舶的吃水问题再次成为关键因素。停止三角洲的侵蚀取决于综合的河流管理,这只有逆转船舶吃水不断增加的趋势才能实现。

新奥尔良规划不仅体现了荷兰的知识和技术输出,而且也鼓舞了荷兰参与者针对荷兰以及世界各大三角洲在水利工程、大都市化、自然保育和"下一代经济"发展之间寻求类似协同的新形式。

---

① Campanella, 2014.

参考文献

Adriaanse, L. & T. Blauw, 'Naar een nieuwe delta', in: *Zeelandboek 11*. Middelburg: Stichting Zeelandboek, 2007, pp.20-39.

Akçmak, I. Semih, Lex Borghans & Baster Weel, *Measuring and interpreting trends in the division of labour in the Netherlands*. CPB (Netherlands Bureau for Economic Policy Analysis) Discussion paper 161, The Hague: CPB, 2010.

Andela, Gerrie, Kneedbaar landschap, kneedbaar volk. *De hero.sche jaren van de ruilverkavelingen in Nederland*. Bussum: THOTH, 2000.

Atzema, O.A.L.C. & E. Wever, *De Nederlandse industrie. Vernieuwing, verwevenheid en spreiding*. Assen: Van Gorcum, 1999.

Bakker, Tiers & Robin Brouwer, *Liberticide. Kritische reflecties op het neoliberalisme*. Utrecht: IJzer, 2008.

Barber, Benjamin, *If mayors ruled the world. Dysfunctional nations, rising cities*. New Haven: Yale University Press, 2003.

Barry, John M., Rising Tide. *The great Mississippi flood of 1927 and How it changed America*. New York: Simon & Schuster, 1997.

Baudet, H, *De lange weg naar de Technische Universiteit Delft. De Delftse ingenieursschool en haar voorgeschiedenis*. The Hague: SDU Publishers, 1992.

Bent, Els van den, *Proeftuin Rotterdam. Droom en daad tussen 1975 en 2005*. Amsterdam: Boom, 2011.

Bervaes, J., P. Bol, M. Chavannes, H. Goudriaan, F. Klijn., A. Kusters, J. Oegema, W. den Ouden, W. Paumen, A. Reitsma & W. van Toorn, *Landschap als geheugen. Opstellen tegen dijkverzwaring*. Amsterdam: Cadans, 1993.

Beyen, M., 'Een gezond oorlogskind. Parlementaire discussies over de afsluiting en drooglegging van de Zuiderzee, 1918', in: T. Sintobin (ed.), 2008.

Bisker, John, Amy Chester & Tara Eisenberg (eds), *Rebuild by Design*. New York: Rockefeller Foundation, 2015.

Bisschops, Tim, 'Een zeehaven voor Leiden? De vroegste doorgravingen bij Katwijk herbekeken (1404−1572), *Tijdschrift voor Zeegeschiedenis*, 25 (2006), no.1, pp.33−47.

Blerck, Henk van & Kees van Dam (eds), *Buiten in de Randstad. Deltapoort en Vechtstreek-vormgeven aan rust en dynamiek tussen steden*. 2008 Competition of the Eo Wijers Foundation: report of the jury of professionals. The Hague: Eo Wijers Stichting, 2008.

Blockmans, Wim, *Metropolen aan de Noordzee. De geschiedenis van Nederland 1100—1560*. Amsterdam: Bert Bakker, 2010.

Boer, Niek de, *De Randstad bestaat niet*. Rotterdam: NAI Publishers, 1996.

Bolwidt, Leonie, Margriet Schoor, Leo van Hal & Margriet Roukema (eds), *Hoog water op de Rijn en de Maas*. Arnhem: Rijkswaterstaat/riZa (Institute for Inland Water Management and Waste Water .reatment), n.d. [c. 2005].

Bosch, A. & W. van der Ham, *Twee eeuwen Rijkswaterstaat 1798-1998*. Zaltbommel: Europese Bibliotheek, 1998.

Bosma, Koos & Gerrie Andela, 'Het landschap van de IJsselmeerpolders', in: K. Bosma et al (eds), *Het Nieuwe Bouwen. Amsterdam 1920-1960*. Delft: DUP, 1983.

Bouman, P.J. & W.H. Bouman, *De groei van de grote werkstad. Een studie over de bevolking van Rotterdam*. Assen: Van Gorcum, 1955.

Brand, Hanno & Egge Knol (eds), 2010, *Koggen, Kooplieden en Kantoren. De Hanze, een praktisch netwerk*. Hilversum: Verloren, 2010.

Brand, Nikki, De wortels van de Randstad. *Overheidsinvloed en stedelijke hi.rarchie in het westen van Nederland tussen de 13de en 20steeeuw*. Ph D Dissertation, Delft: A+BE, 2012.

Brand, Nikki, Inge Kersten, Remon Pot & Maike Warmerdam, 'Research by Design on the Dutch Coastline: Bridging Flood Control and Spatial Quality',

Built Environment, 40 (2014), no.2, pp.265−280.

Braudel, Fernand, La Méditerranée et le monde méditerranéen à l'époque de Philippe ii. Paris: Librairie Armand Colin, 1949, 1966. Dutch translation: *De Middellandse Zee*. Three volumes: i. *Het landschap en de mens*, ii. *De samenleving en de staat*, iii. *De politiek en het individu*. Amsterdam: Contact, 1992.

Bruggeman, W., E. Dammers, G.J. van den Born, B. Rijken, B. van Bemmel, A. Bouwman, K. Nabielek, J. Beersma, B. van den Hurk, N. Polman, V. Linderhof, C. Folmer, F. Huizinga, S. Hommes & A. te Linde, *Deltascenario's voor 2050 en 2100. Nadere uitwerking 2012−2013*. The Hague: Netherlands Environmental Assessment Agency PBL, Royal Netherlands Meteorological Institute knmi, Netherlands Bureau for Eeconomic Policy Analysis CPB, LEI Wageningen. Delft: Deltares, 2013.

Brusse, M.J., *Rotterdamsche zedenprenten*. Rotterdam: W.L. en J. Brusse's uitgeverijmaatschappij, 1921.

Brusse, Paul & Willem van den Broeke, *Provincie in de periferie. De economische geschiedenis van Zeeland, 1800−2000*. Utrecht: Matrijs, 2005.

Bruijn, J.G. de, *Inventaris van de prijsvragen uitgeschreven door de Hollandsche Maatschappij der Wetenschappen 1753−1917*. Haarlem/Groningen: Hollandsche Maatschappij der Wetenschappen/H.D. Tjeenk Willink, 1977.

Bruijn, K.M. de & F. Klijn, 2009, 'Risky Places in the Netherlands. A first appoximation for floods', *Journal of Flood Risk Management*, 2 (2009), no.1, pp.58−67.

Buisman, Jan, *Extreem weer! Een canon van weergaloze winters & zinderende zomers, hagel & hozen, stormen & watersnoden*. Franeker: Van Wijnen, 2011.

Burg, Leo van den, 'Towns and ports on Walcheren and Zuid-Beveland between 1500 and 2000. A historical sketch, in: *OverHolland 16/17*. Nijmegen: Vantilt, 2015, pp.140−165.

Burke, Gerald L., *The Making of Dutch Towns. A Study of Urban Development from the Tenth to the Seventeenth Centuries*. New York: Simmons-Boardman, 1955.

Campanella, Richard, 'Fluidity, Rigidity, and Consequence. A Comparative Historical Geography of the Mississippi and Sénégal River Deltas and the Deltaic Urbanism of New Orleans and Saint-Louis', *Built Environment*, 40

(2014), no.2, pp.184–200.

Castells, Manuel, *The Rise of the Network Society*. Oxford: Blackwell Publishers, 1996.

Casteren, Joris van, *Lelystad*. Amsterdam: Prometheus, 2008.

CBS, PBL, Wageningen ur, *Compendium voor de Leefomgeving. Productiewaarde Landen tuinbouw*: www.compendiumvoordeleefomgeving.nl (version 03, 19 September 2012).

CED (Commissie van Externe Deskundigen), *Economische groei in de jaren tachtig*. The Hague: ser (Social and Economic Council of the Netherlands), 1981.

Cleintuar, G.L., *Wisselend getij. Geschiedenis van de Zuiderzeevereeniging 1886–1949*. Zutphen: De Walburg Pers, 1982.

Cohen, Floris, *De herschepping van de wereld. Het ontstaan van de moderne natuurwetenschap verklaard*. Amsterdam: Bert Bakker, 2007.

Costanza, R., R. d'Arge, R. Groot, S. Farber, M. Grasso, B. Hannon, K. Limburg et al, 'The Value of the World's Ecosystem Services and Natural Capital', *Nature*, no.387, pp.253–260.

Dekker, Cornelis & Roland Baetens, *Geld in het water. Antwerps en Mechels kapitaal in ZuidBeveland na de stormvloeden in de 16e eeuw*. Hilversum: Verloren, 2010.

Devolder, Anne-Mie, Willemien Ippel & Chantal van der Zijl, *Hoeksche Waard, waar het landschap begint*. AIRZuidwaarts/Southbound. Bussum: THOTH, 2000.

Don, F.J.H. & H.J.J. Stolwijk, 'Kosten en baten van het Deltaplan', *Land en Water*, 43 (2003), no.3, pp.20–21.

Duursma, E.K., H. Engel & Th.J.M. Martens (eds), *De Nederlandse Delta. Een compromis tussen milieu en techniek in de strijd tegen het water*. Den Haag/ Maastricht/Brussel: KNAW/Stichting Natuur en Techniek, 1982.

Ende, J. van den & M.L. ten Horn-van Nispen, 'Een natuurkundige in water-land', in: Ten Horn-van Nispen *et al* (eds), 1994, pp.139–150.

Fasseur, Cees, *Een volk dat leeft bouwt aan zijn toekomst. Over geschiedschrijving en nationaal bewustzijn*. Johan de Witt Lecture of the Dordrecht Academy, 3 October 2013.

Feddes, Fred, *1000 jaar Amsterdam. Ruimtelijke geschiedenis van een wonderbaarlijke stad*. Bussum: THOTH, 2012.

Florida, Richard, *The Rise of the Creative Class—and how it's transforming work, leisure, community & everyday life*. New York: Basic books, 2002.

Frieling, Dirk, (ed.), *Het Metropolitane Debat*. Bussum: THOTH, 1998.

Frieling, Dirk, *Spreekt het IJmeer vanzelf?* Delft: Vereniging Deltametropool, 2004.

Fukuyama, Francis, 1992, *The End of History and the Last Man*. New York: Free Press, 1992; Dutch translation, *Het einde van de geschiedenis en de laatste mens*. Amsterdam: Contact, 1993.

Geest, Joosje van, *S.J. van Embden*. Rotterdam: Uitgeverij 010, 1996.

Geest, Leo van der, Mark Berkhof & Max Meijer, *'Het hoofd boven water'. Tweehonderd jaar investeren in waterwerken. Essay in opdracht van de Deltacommissie*. Utrecht: NYFER, 2008.

Glaeser, Edward, *Triumph of the City. How our greatest invention makes us richer, smarter, greener, healthier and happier*. London: MacMillan, 2011.

Goddard, Stephen B., *Getting there. The epic struggle between road and rail in the American century*. New York: Basic Books, 1994.

Greef, Pieter de, 2012, Rijn-Maasdelta. Kansen voor de huidige waterveiligheidsstrategie in 2100, The Hague/Rotterdam, Delta Programme/ Municipality of Rotterdam.

Groot, A.T. de & A.B. Marinkelle, *De waterweg langs Rotterdam naar zee, 1866–1916*. The Hague: Ministerie van Waterstaat, 1916.

Guicciardini, Lodovico, *Descrittione di tutti i Paesi Bassi, altrimenti detti Germania inferiore*, 1567; Dutch edition: *Beschryvinghe van alle de Nederlanden, anderssins ghenoemt Neder Duytslandt* door M. Lowijs Guicciardyn, edelman van Florencen, uitgegeven te Amsterdam bij Willem Jansz., 1612.

Ham, Willem van der, *Meester van de zee. Johan van Veen, waterstaatsingenieur 1893–1959*. Amsterdam: Balans, 2003.

Ham, Willem van der, *Verover mij dat land, Lely en de Zuiderzeewerken*. Amsterdam: Boom, 2007.

Hamer, Frans, *ComCoast flood risk management schemes*. Middelburg: Rijkswaterstaat, 2007.

Havenbedrijf Rotterdam, *Havenvisie 2030*. Rotterdam 2012.

Hayden, Dolores, *Building Suburbia. Green Fields and Urban Growth, 1820–2000*. New York: Vintage Books, 2003.

Hemel, Zef, *Het landschap van de IJsselmeerpolders. Planning, inrichting en vormgeving*. Rotterdam: NAI Publishers, 1994.

Hoog, Maurits de, *De Hollandse Metropool. Ontwerpen aan de kwaliteit van interactiemilieus*. Bussum: THOTH, 2012.

Hooimeijer, Fransje, *The Making of Polder Cities. A Fine Dutch Tradition*. Heijningen: Japsam Books, 2014.

Hooimeijer, Fransje, Han Meyer & Arjan Nienhuis (eds), *Atlas van de Nederlandse waterstad*, Amsterdam: SUN, 2005.

Horn-van Nispen, M.L. ten, H.W. Lintsen & A.J. Veenendaal jr. (eds, *Wonderen der techniek. Nederlandse ingenieurs en hun kunstwerken. 200 jaar civiele techniek*. Zwolle: Walburg pers, 1994.

Houten, Douwe van, *Sociale diagnostiek als ambacht. 25 jaar Sociaal en Cultureel Planbureau*. The Hague: Netherlands Institute for Social Research SCP, 1999.

Hudig, D., Th.K. van Lohuizen, H.E. Suyver & P. Verhagen, *Het toekomstig landschap der Zuiderzeepolders*. Amsterdam: Nederlands Instituut voor Volkshuisvesting en Stedebouw, 1928.

Hullu, J. de & A.G. Verhoeven (eds), *Tractaet van Dyckagie. Waterbouwkundige adviezen en ervaringen van Andries Vierlingh*. Rijks Geschiedkundige Publicatien, kleine serie 20+20a, The Hague: Martinus Nijhoff, 1920; reprint Association of hydraulic contractors VBKO, 1973.

Israel, Jonathan I., *Radicale Verlichting. Hoe radicale Nederlandse denkers het gezicht van onze cultuur voorgoed veranderden*. Franeker: Van Wijnen, 2001. Dutch translation of *Radical Enlightenment. Philosophy and the Making of Modernity 1650–1750*. Oxford: Oxzfor University Press 2001.

Jaarsma, Marjolein, *Globalisation and the Dutch labour market. Some results from the Internationalisation Monitor*. Presentation for the Vrije Universiteit and CPB workshop 'Micro-evidence on labour market implications of globalization and agglomeration', 13 March 2013.

Jeuken, Ad, Jarl Kind & Johan Gauderis, *Eerste generatie oplossingsrichtingen voor klimaatadaptatie in de regio Rijnmond-Drechtsteden. Syntheserapport: verkenning van kosten en baten*. Delft: Deltares, 2011.

Jonge, Jannemarie de, 2009, *Landscape Architecture between Politics and Science. An integrative perspective on landscape planning and design in the network society*. Wageningen: Blauwdruk 2008.

Kamp, A.F. *Zuiderzeeland. Verleden en toekomst van de Zuiderzee*. Amsterdam: Querido, 1937.

Kennedy, James C., *Nieuw Babylon in aanbouw. Nederland in de jaren zestig*. Amsterdam: Boom, 1995.

Kerkstra, K., J. Struik & P. Vrijlandt, *Denkraam. Instructie KB2-studio landschapsarchitectuur*. Wageningen: Landbouwhogechool, 1976.

Klein, Aart & Klaas Graftdijk, *Delta. Stromenland in beweging*. Amersfoort: A. Roelofs van Goor, 1963, 1967.

Kleinpaste, Thijs, *Nederland als vervlogen droom*. Amsterdam: Bert Bakker, 2013.

Klemann, Hein A.M., *The Central Commission for the Navigation on the Rhine, 1815—1915. Nineteenth century European integration*. Rotterdam: Erasmus Centre for the History of the Rhine, 2013.

Klerk, A.P. de, *Het Nederlandse landschap, de dorpen in Zeeland en het water op Walcheren*. Utrecht: Matrijs, 2003.

Kloek, Joost & Karin Tilmans (eds), *Burger. Een geschiedenis van het begrip 'burger' in de Nederlanden van de middeleeuwen tot de 21ste eeuw*. Amsterdam: Amsterdam University Press, 2002.

Kluiver, J.H., *De Souvereine en Independente Staat Zeeland. De politiek van de Provincie Zeeland inzake vredesonderhandelingen met Spanje tijdens de Tachtigjarige Oorlog tegen de achtergrond van de positie van Zeeland in de Republiek*. Middelburg: De Zwarte Arend, 1998.

Knapen, Ben, *De man en zijn staat. Johan van Oldenbarnevelt, 1547–1619*. Amsterdam: Bert Bakker, 2008.

Kok, Matthijs (red.), *Afsluitbaar Open Rijnmond, een systeembenadering*. Delft, TU Delft, 2010.

Kolen, Bas, *Certainty of uncertainty in evacuation for threat driven response. Principles of adaptive evacuation management for flood risk planning in The Netherlands*. Ph D Dissertation Radboud University, Nijmegen, 2013.

Koppert, Hielke, *De verheerlijking van het platteland*. Undergraduate Thesis Geosciences, Utrecht University, 2011.

Kraayvanger H.M., *Hoe zal Rotterdam bouwen?* Rotterdam: De Rotterdamsche Gemeenschap, 1946.

Krul, W., 'Oorsprong, eenvoud en natuur. De bloeitijd van de kunstenaarskolonies, 1860–1910', *Bijdragen en Mededelingen betreffende de Geschiedenis der Nederlanden*, 122 (2007), no.4, pp.564–584.

Kwaliteitsteam Ruimte voor de Rivier, *Jaarverslag Ruimte voor de Rivier 2009–2010–2011*. N.p. 2012.

Ladan, R., 'Leidse brouwers anno 1500', *Leids Jaarboekje*, 81 (1989), pp.31–53.

Landry, Charles, *The Creative City. A Toolkit for Urban Innovators*. London: Earthscan, 2000.

Lane, Jan-Erik, *New Public Management: An Introduction*. London: Routledge, 2000.

Langen, P.W. de, *The Performance of Seaport Clusters. A framework to analyze cluster performance and an application to the seaport clusters in Durban, Rotterdam and the lower Mississippi*. Rotterdam, ERIM, 2003.

Leeflang, H. (ed.), *Juryrapport Idee.nprijsvraag Nederland Rivierenland*. Den Haag: Eo Wijers Stichting, 1986.

Levinson, Marc, *The Box. How the shipping container made the world smaller and the world economy bigger*. Princeton: Princeton University Press, 2006.

Liagre B.hl, Herman de, Jan Nekkers & Laurens Slot (eds), *Nederland industrialiseert! Politieke en ideologiese strijd rondom het naoorlogse industrialisatiebeleid 1945–1955*. Nijmegen: SUN, 1981.

Ligtvoet, Willem, Ron Franken, Nico Pieterse & Olav-Jan van Gerwen (eds), *Een delta in beweging. Bouwstenen voor een klimaatbestendige ontwikkeling van Nederland*. The Hague: Planbureau voor de Leefomgeving (PBL), 2011.

Lucas, P., *Overzicht van de bemoeiingen van het Gemeentebestuur van Rotterdam met de totstandkoming van de havens en industrieterreinen in Europoort*. Rotterdam: Gemeentearchief Rotterdam, 1970.

McHarg, Ian L., *Design with Nature. Garden City*, N.Y.: Natural History Press, 1969.

Meadows, Donella H., Dennis L. Meadows, Jorgen Randers & William W.

Behrens iii, *Limits to Growth. A Global Challenge*. New York: New American Library, 1972.

Meire, Patrick & Mark Van Dyck, *Naar een duurzaam rivierbeheer. Hoe herstellen we de ecosysteemdiensten van rivieren? De Schelde als blauwe draad.* Antwerp: University Press Antwerp, 2014.

Mentink, G.J. & A.M. van der Woude, *De demografische ontwikkeling te Rotterdam en Cool in de 17e en 18e eeuw*. Rotterdam: Gemeentearchief Rotterdam (Rotterdam City Archives), 1965.

Metze, Marcel, *Veranderend getij. Rijkswaterstaat in crisis: het verhaal van binnenuit*. Amsterdam: Balans, 2009.

Meyer Han, 1996, *De Stad en de Haven. Stedebouw als culturele opgave: Londen, Barcelona, New York, Rotterdam*. Utrecht: Jan van Arkel, 1996.

Meyer, Han, Arnold Bregt, Ed Dammers & Jurian Edelenbos (eds), 2014, Nieuwe perspectieven voor een verstedelijkte delta. Amsterdam: MUST Publishers, 2014.

Meyer, Han, David Waggonner & Dale Morris (eds), *Dutch Dialogues. New Orleans—Netherlands. Common Challenges in Urbanized Deltas*. Amsterdam: SUN, 2014.

Ministerie van Volkshuisvesting en Ruimtelijke Ordening, *Tweede Nota Ruimtelijke Ordening*. The Hague: Staatsuitgeverij, 1966.

Ministerie van Verkeer en Waterstaat, Ministerie van Volkshuisvesting en Ruimtelijke Ordening, Ministerie van Economische Zaken, *Zeehavennota. Het zeehavenbeleid van de Rijksoverheid*. The Hague: Staatsuitgeverij, 1966.

Ministerie van VROM (Ministry of Housing, Spatial Planning and the Environment), *Environmental impact assessment on Structuurvisie Randstad 2040. Naar een duurzame en concurrerende Europese topregio*. The Hague: Ministerie van VROM, 2008.

Mudde, Leo, 'Dordrecht wacht niet tot na de zondvloed', *VNG Magazine*. 5 December 2014.

Mulder, J., J. Cleveringa, M.D. Taal, B.K. van Wesenbeeck & F. Klijn, *Sedimentperspectief op de Zuidwestelijke Delta*. Delft: Deltares, 2010.

Nationaal Rampenfonds (National Disaster Fund), 1953, *De Ramp*. National edition, with a foreword by H. M. the Queen, Amsterdam: Vereeniging ter Bevordering van de Belangen des Boekhandels, 1953.

Nationaal Waterplan 2009–2015. The Hague: Ministerie van Verkeer en Waterstaat, Ministerie van VROM, Ministerie van Landbouw, Natuur en Voedselkwaliteit, 2009.

Neele, Arno, *De ontdekking van het Zeeuwse platteland. Culturele verhoudingen tussen stad en platteland in Zeeland, 1750–1850*. Zwolle: Waanders, 2011.

Nescio, *Natuurdagboek*. Amsterdam: Nijgh & Van Ditmar/G.A. van Oorschot, 1996.

Nillesen, Anne Loes, 'Improving the allocation of flood-risk interventions from a spatial quality perspective', *Journal of Landscape Architecture*, 9 (2014), no.1, pp.20–31.

Olivier, Rias (ed.), *Het Flaauwe werk. 'De zee geeft, de zee neemt'*. Middelharnis: De Motte, 2008.

O'Neill, Karen M., *Rivers by Design. State power and the origins of U.S. flood control*. Durham: Duke University Press, 2006.

Oostenbrugge, R. van, Th.C.P. Melman, J.R.M. Alkemade, H.W.B. Bredenoord, P.M. van Egmond, C.M. van der Heide & B. de Knegt, *Wat de natuur de mens biedt. Ecosysteemdiensten in Nederland*. Den Haag: Netherlands Environmental Assessment Agency PBL, 2010.

Paardenkooper, Klara, *Teureka! In de ban van containerisatie. Rotterdam, toen, nu en in de toekomst*. Rotterdam : NT Publishers, 2016.

Palmboom, Frits, *Rotterdam, verstedelijkt landschap*. Rotterdam: Uitgeverij 010, 1987.

Palmboom, Frits, *De Delta Paradox. Stedenbouw in deltalandschappen*. Inaugural lecture Delft University of Technology, 2014.

Parmet, B., W. van de Langemheen, E.H. Chbab, J.C.J. Kwadijk, F.L.M. Diermanse & D. Klopstra, *Analyse van de maatgevende afvoer van de Rijn te Lobith. Onderzoek in het kader van het randvoorwaardenboek 2001*. Report of the Institute for Inland Water Management and Waste Water Treatment RIZA, Arnhem: RIZA, 2001.

Pater, Ben de, 'Authentiek, onecht, achtergebleven? De meervoudige identiteit van het Zuiderzeegebied rond 1900', in: Sintobin (ed.), 2008 (a), pp.115–132.

Pater, Ben de, 'Het Nieuwe Land als grand design: "in de plaats van een natuurlijk groei, nu het plan" ' , in: Sintobin (ed.), 2008 (b), pp.133–156.

PBL (Netherlands Environmental Assessment Agency) and CPB (Netherlands Bureau for Economic Policy Analysis), *Nederland in 2030–2050. Twee referentiescenario's — Toekomstverkenning Welvaart en Leefomgeving*. The Hague: PBL/CPB, 2015.

Pollmann, Tessel, *Van Waterstaat tot Wederopbouw. Het leven van dr. ir. J.A. Ringers (1885–1965)*. Amsterdam: Boom, 2006.

Pols, Leo & Maarten Hajer, 'Iconen voor het Deltaprogramma', in: Michiel van Dongen en Renske Postma (eds), *Ontwerp Delta.nl. Ontwerp op het raakvlak van ruimte en water*. Ministerie van Infrastructuur en Milieu, 2014, pp.209–214.

Pot, C.W. van der, *Handboek Nederlands Staatsrecht*. Deventer: Kluwer, 2006.

Priester, Peter, *Geschiedenis van de Zeeuwse landbouw, circa 1600–1910*. 't Goy-Houten: HES Uitgevers, 1998.

Provinciale Planologische Dienst Zuid-Holland (Planning Department of the Province of Zuid-Holland), *Randstad en Delta*. Den Haag: Provincie Zuid-Holland, 1956.

Provinciale Planologische Dienst Zuid-Holland (Planning Department of the Province of Zuid-Holland), Randstad en Delta. Een studie over de ontwikkeling van het Zuidhollandse zeehavengebied. Delft: Walt-man, 1957.

Ravesteyn, L.J.C.J. van, *Rotterdam in de Negentiende Eeuw. De ontwikkeling der stad*. Rotterdam, W. Zwagers, 1924 [included in a reprint: Schiedam: Schiepers, 1974].

Reh, Wouter, Clemens Steenbergen, Diederik Aten, *Zee van Land. De droogmakerij als atlas van de Hollandse landschapsarchitectuur*. Wormer: Uitgeverij Noord-Holland, 2005.

Renan, Ernest, Qu'estce qu'une nation? Conférence 1882, Paris 1887. Dutch Translation. *Wat is een natie?* Vertaald, ingeleid en geduid door Coos Huijsen en Geerten Waling, Amsterdam: Elsevier 2013.

Rhee, Giggi van, *Handreiking Adaptief Deltamanagement*. Written under the authority of the staff of the Delta Commissioner. Leiden: Stratelligence, 2012.

Rifkin, Jeremy, *The Third Industrial Revolution. How Lateral Power is Transforming Energy, the Economy, and the World*. London: Palgrave

Macmillan, 2011.

Ritsema van Eck, Jan, Frank van Oort, Otto Raspe, Femke Daalhuizen & Judith van Brussel, *Vele steden maken nog geen Randstad*. Rotterdam/The Hague: NAI Publishers/Ruimtelijk Planbureau, 2006.

Roenhorst, Willemien, 'De natuurlijke natie. Monumentalisering en nationalisering van natuur en landschap in de vroege twintigste eeuw', *Bijdragen en Mededelingen betreffende de Geschiedenis der Nederlanden*, 121 (2006), no.4 (theme: *Landscape, nature and national identity*), pp.727−752.

Rooy, Piet de, *Ons stipje op de wereldkaart. De politieke cultuur van modern Nederland*. Amsterdam: Wereldbibliotheek, 2014.

Rooijendijk, Cordula, *Waterwolven. Een geschiedenis van stormvloeden, dijkenbouwers en droogmakers*. Amsterdam: Atlas, 2009.

Rosenboom, Thomas, *Publieke Werken*. Amsterdam: Querido, 1999.

Rutte, Reinout, 'Projectontwikkelen in de zuidwestelijke delta. Adriaan van Borselen, Anna van Bourgondi. en de nederzettingen in de grote 15e-eeuwse bedijkingen', in: J. Beenakker, F. Horsten, A. de Kraker & H. Renes (eds), *Landschap in Ruimte en Tijd*, Amsterdam: Amsterdam University Press, 2007, pp.321−332. Rutte, Reinout & Jaap Evert Abrahamse (eds), Atlas van de verstedelijking in Nederland.

1000 jaar ruimtelijke ontwikkeling. Bussum: THOTH, 2014.

Rijksdienst voor het Nationale Plan (National Planning Agency), *Het rampgebied in Z.W. Nederland. Voorlopige planologische documentatie*. The Hague: Staatsdrukkerij, 1953.

Rijksdienst voor het Nationale Plan (National Planning Agency), *Planologische consequenties van de plaats der dammen in het Deltaplan*. The Hague: Staatsdrukkerij, 1955.

Rijksdienst voor het Nationale Plan (National Planning Agency), *De ontwikkeling van het Westen des Lands*. The Hague: Staatsdrukkerij, 1958.

Rijkswaterstaat, *Mapping safety in the Netherlands. Main report on research into flood risks*. The Hague: Rijkswaterstaat, 2005.

Saeijs, Henk, *Weg van Water. Essays over water en waterbeheer*. Delft: VSSD, 2006. Translated into English as *Turning the tide. Essays on Dutch ways with water*. Delft: VSSD, 2008.

Scheffer, Marten, *Critical Transitions in Nature and Society*. Princeton,

N.J.: Princeton University Press, 2009.

Schilstra, J.J., *In de ban van de dijk. De Westfriese Omringdijk*. Hoorn: West-Friesland, 1974.

Schipper, Paul de, *De slag om de Oosterschelde. Een reconstructie van de strijd om de open Oosterschelde*. Amsterdam/Antwerpen: Atlas, 2008.

Schot, J., H.W. Lintsen, A. Rip & A.A. Albert de la Bruhèze (eds), *Techniek in Nederland in de twintigste eeuw. Vol vi. Stad, Bouw, Industri.le productie*. Zutphen: Walburg Pers, 2003.

Schuyt, C.J.M. & Ed Taverne, *1950. Welvaart in zwartwit*. Den Haag: SDU Publishers, 2000.

Sintobin, T. (ed.), *Getemd maar rusteloos. De Zuiderzee verbeeld — een multidisciplinair onderzoek*. Hilversum: Verloren, 2008.

Slager, Kees, *Watersnood. Het beelden verhalenboek over 'de Ramp'*. Rotterdam: Kick Uitgevers, 2014.

Spaargaren, Frank, 'Sluit de Nieuwe Waterweg af', in: *De Ingenieur*, 2014, no.10, pp.38–41.

Spaargaren F., K. d'Angremond, A. J. Hoekstra, J. H. van Oorschot, C.J. Vroege & H. Vrijling, 'Brief aan de leden van de Vaste Commissie voor lnfrastructuur en Milieu van de Tweede Kamer en aan de leden van de Provinciale Staten van Zeeland', 2013.

Stellinga, Bart, 2014, *Dertig jaar privatisering, verzelfstandiging en marktwerking* Amsterdam: WRR/AUP, 2014.

Stoop, Chris de, *Dit is mijn hof*. Amsterdam: De Bezige Bij, 2015.

Stuvel. H.J., Het *Deltaplan, de geboorte*. Amsterdam: Scheltema & Holkema, 1956.

Stuvel, H.J., *Grendel van Holland. Hoe Nederland door de gevolgen van een rampvloed voor de tweede keer in zijn bestaan besloot tot een grootscheeps offensief tegen de zee*. Rotterdam: Co-op Nederland, 1961.

Stuvel, H.J., *Drie eilanden één. Hoe de zee door menselijk vernuft en door eendracht werd verdreven uit de Zandkreek en het Veerse Gat*. Amsterdam: Scheltema & Holkema, 1963.

Sijmons, D.F., *Het cascoconcept. Een benaderingswijze voor de landschapsplanning*. Utrecht: Informatie-en Kenniscentrum/NBLF, 1991.

Taylor, F.W., *The principles of scientific management*. New York: Harper &

Brothers, 1911.

Tielhof, Milja van & Petra J.E.M. van Dam, *Waterstaat in stedenland. Het hoogheemraadschap van Rijnland voor 1857.* Utrecht: Matrijs, 2006.

Tinbergen, J., 1961, 'De economische balans van het Deltaplan', in: *Rapport van de Deltacommissie. Bijdragen V en VI.* The Hague, 1961, pp.61–74.

Tjallingii, Sybrand P., *Ecological conditions. Strategies and stuctures in environmental planning.* Doctoral Thesis. TU Delft, Wageningen: DLO Institute, 1996.

Tordoir, P. (ed.), *Metropoolvorming: kansen en opgaven. Reflecties vanuit de wetenschap.* Rotterdam/The Hague: Metropoolregio Rotterdam-Den Haag, 2014.

Valk, Arnold van der, *Het levenswerk van Th.K. van Lohuizen, 1890–1956. De eenheid van het stedebouwkundige werk.* Delft: Delftse Universitaire Pers, 1990.

Vanelslander, Thierry, Bart Kuipers., Joost Hintjens & Martijn van der Horst, *Ruimtelijkeconomische en logistieke analyse: de VlaamsNederlandse Delta in 2040.* Antwerpen/Rotterdam: Universiteit van Antwerpen/Erasmus Universiteit Rotterdam, 2011.

Veelen, Peter van, Mark Voorendt & Chris van der Zwet, 'Design challenges of multifunctional flood defences. A comparative approach to assess spatial and structural integration', in Steffen Nijhuis, Daniel Jauslin & Frank van der Hoeven (eds), *Flowscapes. Designing infrastructure as landscape.* Delft: TU Delft, 2014, pp.275–292.

Veen, J. van, *Hellegat. Ontwerp 1929.* The Hague: Rijkswaterstaat, 1929.

Veen, J. van, *Critiek op het plan Luctor et Emergo.* Rapport Algemeen 151, The Hague, Studiedienst Rijkswaterstaat, 1945.

Veen, Johan van, *Dredge, Drain, Reclaim! The Art of a Nation*, The Hague: Martinus Nijhoff, 1948.

Vellinga P., M.J.F. Stive, J.K. Vrijling, P.B. Boorsma, J.M. Verschuuren & E.C. van Ierland, *Tussensprint naar 2015. Advies over de financiering van de primaire waterkeringen voor de bescherming van Nederland tegen overstroming.* Advice requested by the Secretary of State for Transport and Public Works and the President of the Union of Water Boards. Amsterdam: Klimaatcentrum Vrije Universiteit, 2006.

Ven, G.P. van de (ed.), *Leefbaar laagland. Geschiedenis van de waterbeheersing en landaanwinning in Nederland.* Utrecht: Matrijs, 1993.

Ven, G.P. van de, *De Nieuwe Waterweg en het Noordzeekanaal, een waagstuk*. Research requested by the Delta Commission. The Hague: Deltacommissie, 2008.

Verbeeck, Maja, Erik de Koning & Dominique Elshout, *De Delta Atlas. Landschapsportret van de RijnSchelde Delta*. Bergen op Zoom: Rijn-Schelde Delta Samenwerking, 2006.

Visscher, Klaasjan, 'Taylor leeft!', in: *Filosofie in Bedrijf*, 14 (2002), no.1, pp.2–8.

Vloten, Francisca van, *Nieuw Licht! Jan Toorop en de Domburgsche Tentoonstellingen 1911–1921*. Deventer: De Factory, 2011.

Vriend, Eva, *Het nieuwe land. Het verhaal van een polder die perfect moest zijn*. Amsterdam: Balans, 2012.

Vries, Jan de & Ad van der Woude, *The First Modern Economy. Success, Failure and Perseverance of the Dutch Economy, 1500–1815*. Cambridge: Cambridge University Press, 1997.

Vrijling, J.K., 'Sea-level rise — a threat to low-lying countries', *Proceedings of the International Symposium on Natural Disaster Reduction and Civil Engineering*. Osaka: The Society, 1991.

Wagenaar, Cor, *Town Planning in the Netherlands since 1800*. Rotterdam: 010 Publishers, 2011.

Waggonner+Ball Architects (eds), *Greater New Orleans Urban Water Plan*. New Orleans: Greater New Orleans Inc., 2013 (also www.livingwithwater.com).

Waggonner, David, Nanco Dolman, Derek Hoeferlin, Han Meyer, Pieter Schengenga, Sabien Thomaesz, Jaap van den Bout, Jaap van der Salm & Chris van der Zwet, 'New Orleans after Katrina. Building America's Water City', *Built Environment* 40 (2014), no.2, pp.281–299.

Wal, Coen van der, *In Praise of Common Sense. Planning the ordinary. A physical planning history of the new towns in the IJsselmeerpolders*. Rotterdam: 010 Publishers, 1997.

Wang, J., D. Olivier, Th. Notteboom & B. Slack, *Ports, Cities and Global Supply Chains*. Aldershot: Ashgate, 2007.

Waterman, Ronald, *Integrated coastal policy via Building with Nature*. Delft: TU Delft, 2012.

Wemelsfelder, P.J., 'Wetmatigheden in het optreden van stormvloeden',

De Ingenieur, 54 (1939), no.9, pp.31–35.

World Wide Fund for Nature, *Met Open Armen. Voor het belang van natuur, veiligheid en economie*. Zeist: WNF, 2010.

Wessels, Leo H.M. & Toon Bosch (eds), *Nationalisme, naties en staten. Europa vanaf circa 1800 tot heden*. Nijmegen: Vantilt, 2012.

Willems, Eldert, *Nederland wordt groter. Op zoek naar het nieuwe beeld van Nederland*. Amsterdam: De Bezige Bij, 1962.

Wilt, C.G.D. de, G.J. Klapwijk, J.D. van Tuyl & A.C. Ruseler, *Delflands kaarten belicht*. Hilversum: Hoogheemraadschap van Delfland/Uitgeverij Verloren, 2000.

Wong, Theo, Dick A.J. Batjes & Jan de Jager (eds), *Geology of the Netherlands*. Amsterdam: Royal Netherlands Academy of Arts and Sciences, 2007.

Wright, Gwendolyn, *Building the dream. A social history of housing in America*. Cambridge (Mass.): MIT Press, 1981.

wrr (Scientific Council for Government Policy), *Onzekere veiligheid. Verantwoordelijkheden rond fysieke veiligheid*. Amsterdam: AUP, 2008.

Woud, Auke van der, *Een nieuwe Wereld. Het ontstaan van het moderne Nederland*. Amsterdam: Bert Bakker, 2006.

Woud, Auke van der, *Koninkrijk vol sloppen. Achterbuurten en vuil in de negentiende eeuw*. Amsterdam: Bert Bakker, 2010.

Zuiderzee-Vereeniging, *Rapport van de Nederlandsche HeideMaatschappij over de Zoetwatervisscherij in het toekomstige IJsselmeer en in de wateren der droog te leggen polders*. Collection of reports published by the Zuiderzee Association, vol. iii. Leiden: Boekhandel en Drukkerij E.J. Brill, 1906.

图片来源

档案和收藏

Aerophoto Schiphol

Amsterdam City Archives

Atelier Kustkwaliteit

Dat Narrenschip Collection, Middelburg

De Urbanisten and Rotterdam Town Planning Department

Delfland Hoogheemraadschap(water authority), Oud Archief Delfland (OAD)

Digital Atlas of the New Dutch Water Line

iPDD/MUST and TU Delft 5.36

Ivo Bouman Collection

Ministry of Infrastructure and the Environment

National Archivesof the Netherlands

Nederlands Fotomuseum (Netherlands Museum of Photography)

Private collection

Rijksmuseum Amsterdam

Rijkswaterstaat

Rijkswaterstaat, Delta Department

Rijkswaterstaat, Image Archives

Rijkswaterstaat, Projectbureau Ontpolde ring Noordwaard

Rotterdam Bureau of Archeological Research (BOOR)

Rotterdam City Archives

Rotterdam Urban Panning and Housing Department

Students emu (European Masters of Urbanism) TU Delft 2009

TU Delft Library

Utrecht University Libary Archives

Van Eesteren Archives, Het Nieuwe Instituut

Vlissingen Municipal Archives 3.5

Witteveen+Bos Engeineering Consultancy

World Wide Fund for Nature (WWF)/Rotterdam Port Authority (HBR)

图书

Bisschops, 2006

Blerck, van & Van Dam, 2008

Bruijn, de & Klijn, 2009

Cleintuar, 1982 4.2

Devolder et al, 2000

Duursma et al, 1982

Groot, de & Marinkelle, 1916

Hullu, de & Verhoeven (eds), 1920

Kamp, 1937

Klein et al, 1967

Ligtvoet et al, 2011

Meyer et al (eds), 2014

Meyer, 1996

Nationaal Rampenfonds, 1953

Reh et al, 2005

Slager, 2014

Stuvel, 1961

Vrijling 1991

每章起始的绘图由蒂克·鲍玛（Teake Bouma）完成，基于：

De Bosatlas van Nederland. Groningen: Wolters-Noordhoff, 2007.

V.J. Meyer & S. Nijhuis, Urbanized deltas in transition. Amsterdam: Techne Press, 2014.

P. H. Vos en H. Weerts, Atlas van Nederland in het holoceen. Landschap en bewoning vanaf de laatste ijstijd tot nu. Amsterdam: Bert Bakker, 2011.

Ministerie van Infrastructuur en Milieu, Ontwerp Rijksstructuurvisie Windenergie op zee. he Hague 2013.

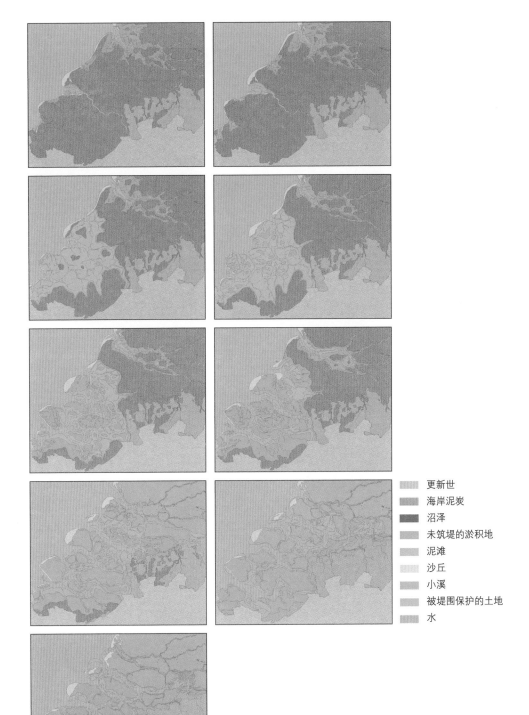

更新世

海岸泥炭

沼泽

未筑堤的淤积地

泥滩

沙丘

小溪

被堤围保护的土地

水

彩图1　公元50年至1750年西南三角洲的土地生成和侵
　　　 蚀过程。绘图：代尔夫特理工大学史蒂芬·奈
　　　 豪斯（Steffen Nijhuis）和 米歇尔·波德罗伊
　　　 （Michiel Pouderoijen）。（第一章）

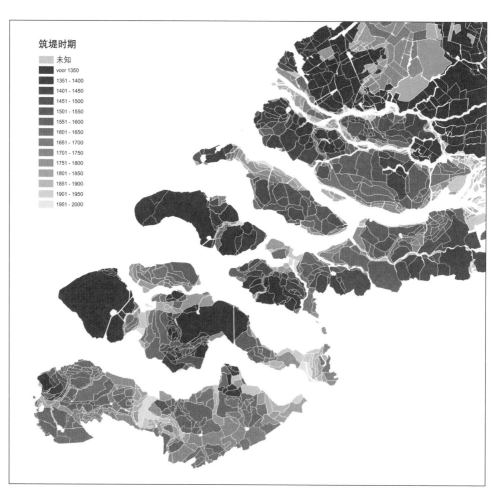

彩图 2　西南三角洲在连续几代圩田和筑堤影响下的变迁图。绘图：代尔夫特理工大学史蒂芬·奈豪斯和米歇尔·波德罗伊。(第一章)

图例（筑堤时期）：

未知
voor 1350
1351 - 1400
1401 - 1450
1451 - 1500
1501 - 1550
1551 - 1600
1601 - 1650
1651 - 1700
1701 - 1750
1751 - 1800
1801 - 1850
1851 - 1900
1901 - 1950
1951 - 2000

彩图3　泽兰省，尼古拉斯·桑森（Nicolas Sanson）绘图，1681年由亚历克西斯·休伯特·贾
洛特（Alexis-Hubert Jaillot）在巴黎出版。泽兰省的边界由红色标识。图中显示，舒温
（Schouwen）岛北部的飞地波姆内德（Bommenede）属于荷兰（绿色边界），法兰德斯省
（黄色边界）位于西斯海尔德河的南部。（第二章）

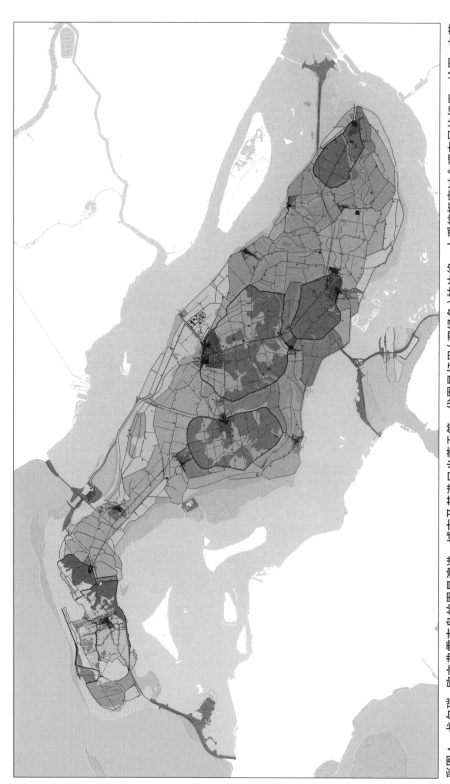

彩图 4　戈尔瑞-欧文弗雷克岛的围垦演进。城市及其港口坐落于第一代围垦圩田（深绿色）的边缘。小溪蜿蜒穿过合理布局的圩田。绘图：史蒂芬·奈豪斯和米歇尔·波德罗伊伊，代尔夫特理工大学。（第二章）

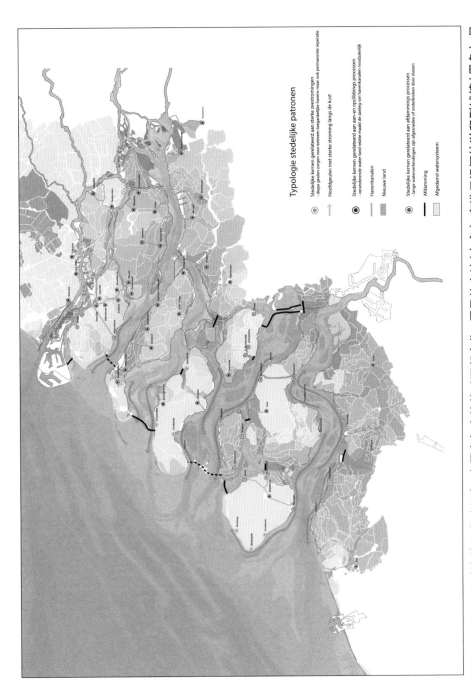

Typologie stedelijke patronen

⊙ Stedelijke kernen gerelateerd aan sterke zeestromingen

↗ Hoofdgeulen met sterke stroming langs de kust
- diepe geulen zorgen voor extreem bevaarbare havens maar ook permanente repertie

⊙ Stedelijke kernen gerelateerd aan aan-en opslibbings processen
- veranderende water-land relatie maakt de aanleg van havenkanalen noodzakelijk

▬ Havenkanalen

▨ Nieuwe land

⊙ Stedelijke kernen gerelateerd aan afdammings processen
- lange waterverbindingen zijn afgesneden of onderbroken door sluizen

▬ Afdamming

▨ Afgedamd watersysteem

彩图 5 在三角洲城市的形成过程中,定居点与水的关系不断变化:围垦的土地(灰色)、有港口运河的淤积型城镇(黑色)、侵蚀型城镇(橙色)以及筑坝型城镇(绿色)。绘图:迈克·沃默丹,代尔夫特理工大学。(第二章)

彩图6　16世纪后期的"霍兰德水线"和20世纪中期的"艾瑟尔线"之间用于保护荷兰西部的各种"水线"。(第二章)

Legend:
- stelling van amsterdam
- hollandse waterlinie
- nhw
- grebbelinie
- ijssellinie

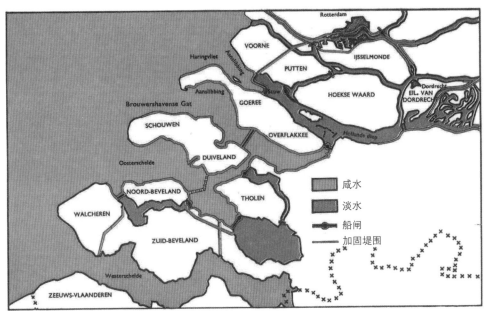

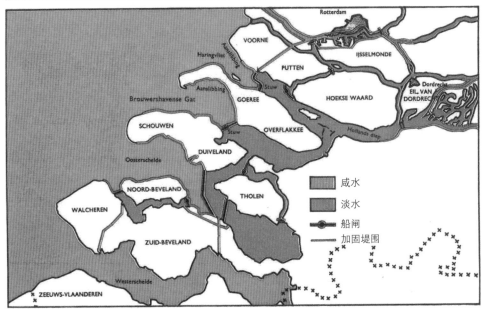

彩图7　**1953年1月29日，约翰·范文向雅各布·阿尔杰拉部长提出了两个版本的计划："渐进计划"（上图）和"即时计划"（下图）。（第四章）**

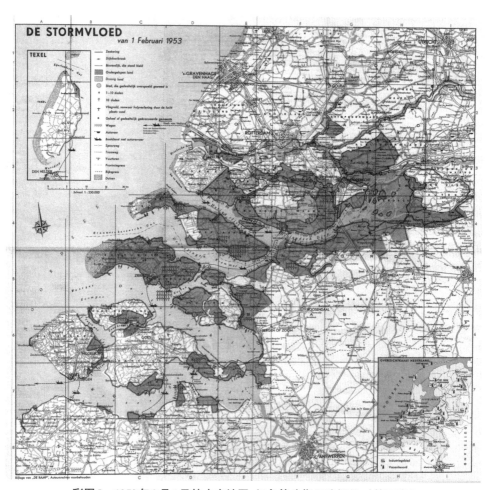

彩图 8　1953 年 2 月 1 日的水灾地区，红色箭头指示溃堤处。（第四章）

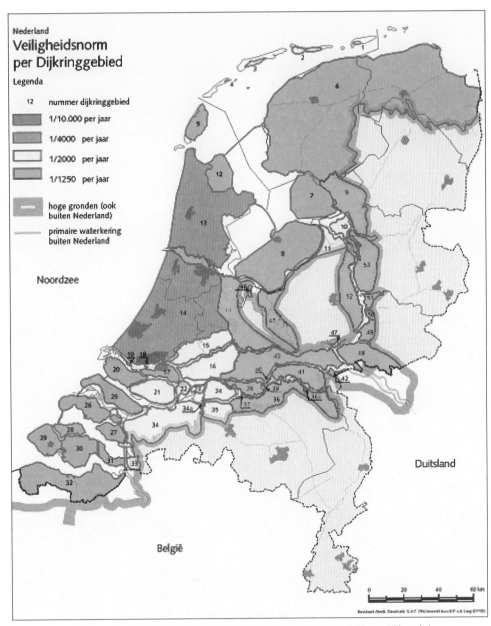

彩图9　每个环形堤区域的防洪标准各不相同：2015年的情况。(第四章)

RUIMTELIJKE STRUCTUURSCHETS VOOR
NEDERLAND OMSTREEKS 2000

ruimtelijke eenheden

type A
type B
type C
type D
industrie of haven

stadspark
stadsgewestpark
park- en watersportgebied van regionale betekenis
park- en watersportgebied van nationale betekenis
landschappelijk en recreatief te ontwikkelen verbindingszones

—————— hoofdwegen
- - - - - - spoorwegen
water

landschapsstructuur 1960

open landschap
coulissenlandschap
woeste grond
bos landschap
tuinbouw onder glas

彩图10　规划图，俗称"街区图"，街区颜色代表了居民以及相关的工作、学校和购物设施等。
图片来自1966年的《空间规划第二政策文件》。(第四章)

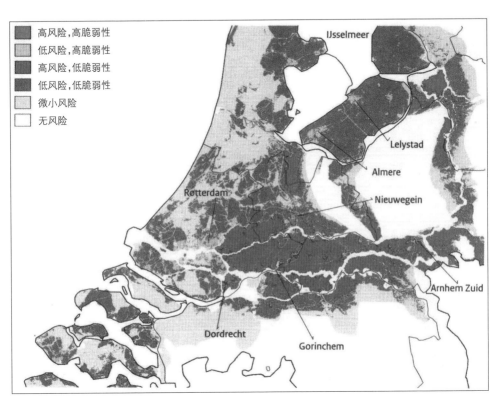

图例:
- 高风险,高脆弱性
- 低风险,高脆弱性
- 高风险,低脆弱性
- 低风险,低脆弱性
- 微小风险
- 无风险

彩图 11 2009 年,濒河地区和西南三角洲的洪水风险。多德雷赫特岛同时具有高风险(洪水泛滥的可能性)和高脆弱性(随之而来的巨大破坏)。(第五章)

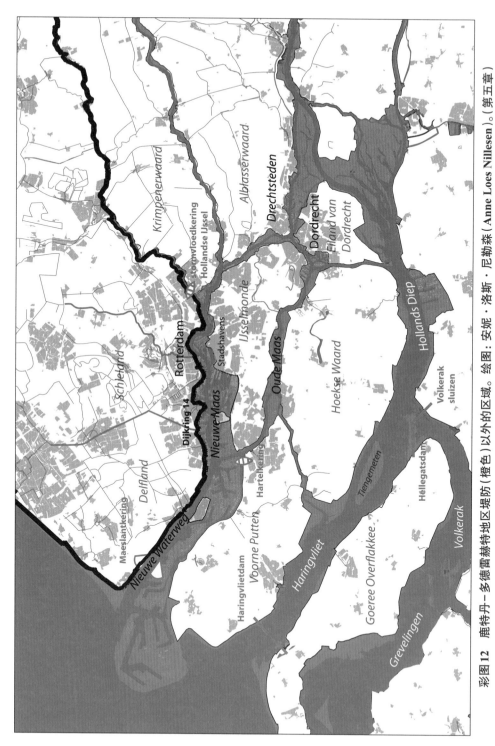

彩图 12　鹿特丹－多德雷赫特地区堤防（橙色）以外的区域。绘图：安妮·洛斯·尼勒森（Anne Loes Nillesen）。（第五章）

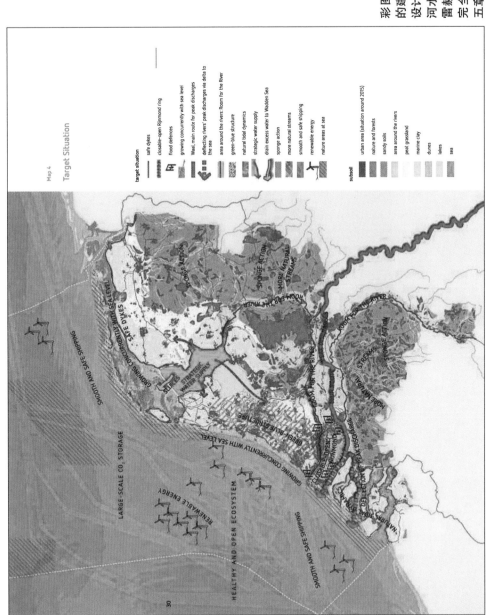

彩图13 根据三角洲委员会的建议, 2009年《国家水计划》设计的未来荷兰三角洲。所有河水将被排放到鹿特丹——多德雷赫特地区的南部, 该地区将完全被风暴潮屏障包围。(第五章)

彩图14 鹿特丹的"河流潮汐公园"规划图。鹿特丹港口与世界自然基金会会提供。绘图：De Urbanisten 事务所。圆圈表示第一批试点项目，绿色箭头指示这些项目如何连接到公园的区域框架，黄色表示新经济发展区，粉红色表示急需改善公共空间的区域。（第五章）

彩图15　IPDD研究报告中的沿哈灵水道堤防之间区域的"坚稳的自适应框架"提案。（第五章）

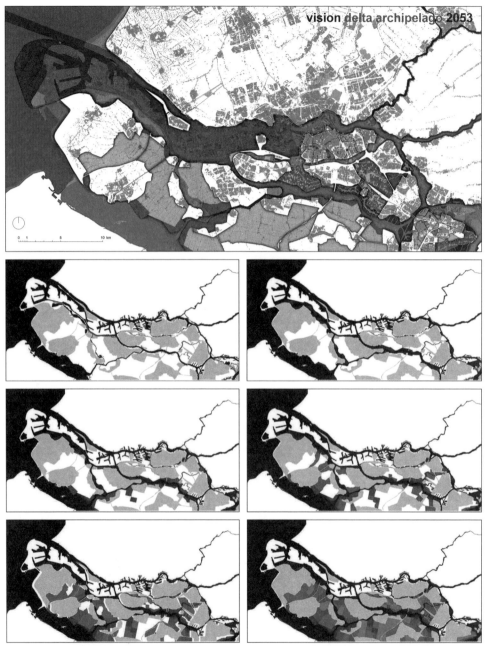

彩图16 2009年由代尔夫特理工大学的欧洲城市主义硕士（EMU）专业的学生设计的各种"坚稳的自适应框架"。在极端河水流量及海上风暴潮的情况下，一种新的圩田结构可被重新淹没，供临时蓄洪。根据所需的蓄洪量，不同数量的圩田可被淹没（如图底部所示）。新结构也是一个蓝绿公园系统，将鹿特丹南部与圩田景观更加紧密地联系在一起。（第五章）